本书出版得到国家自然基金（71764019）和（71163030）及
内蒙古自然基金项目（2020LH07002）的资助

我国草原生态补偿机制的理论与实践研究

巩　芳　段　玮　杨新吉勒图　著

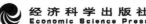

中国财经出版传媒集团
经济科学出版社
Economic Science Press

图书在版编目（CIP）数据

我国草原生态补偿机制的理论与实践研究/巩芳，段玮，杨新吉勒图著.—北京：经济科学出版社，2020.7
ISBN 978-7-5218-1790-4

Ⅰ.①我… Ⅱ.①巩…②段…③杨… Ⅲ.①草原-生态环境-补偿机制-研究-中国 Ⅳ.①S812.6②X322

中国版本图书馆 CIP 数据核字（2020）第 151561 号

责任编辑：刘　莎
责任校对：隗立娜
责任印制：邱　天

我国草原生态补偿机制的理论与实践研究
WOGUO CAOYUAN SHENGTAI BUCHANG JIZHI DE LILUN YU SHIJIAN YANJIU
巩　芳　段　玮　杨新吉勒图　著
经济科学出版社出版、发行　新华书店经销
社址：北京市海淀区阜成路甲 28 号　邮编：100142
总编部电话：010-88191217　发行部电话：010-88191522
网址：www.esp.com.cn
电子邮箱：esp@esp.com.cn
天猫网店：经济科学出版社旗舰店
网址：http://jjkxcbs.tmall.com
北京时捷印刷有限公司印装
710×1000　16 开　15 印张　250000 字
2020 年 10 月第 1 版　2020 年 10 月第 1 次印刷
ISBN 978-7-5218-1790-4　定价：49.00 元
（图书出现印装问题，本社负责调换。电话：010-88191510）

前　　言

我国草原面积占国土面积的40%以上，是北方重要的生态屏障。草原资源具有生产和生态二维特性，一个维度是农牧业生产的重要基础，另一个维度是维系生态平衡。党的十八大提出：“建设生态文明，是关系人民福祉、关乎民族未来的长远大计。”习近平总书记在2014年考察内蒙古自治区（以下简称内蒙古）时指出，内蒙古的生态状况如何，不仅关系内蒙古各族群众生存与发展，也关系华北、东北、西北乃至全国的生态安全，要努力把内蒙古建成我国北方重要的生态安全屏障。

由于自然和人为因素所导致的草原退化带来的草原生态安全问题已经成为影响国家安全的重要因素。所以，21世纪初，为改善草原生态环境同时推动我国牧区发展，中央先后通过并实施了退牧还草、京津风沙源治理、西南岩溶地区草地治理等与草原有关的重大生态工程。由于政策范围涉及地区较少，这些项目工程的实施仅仅使得草原退化趋势得到减缓，并没有从根本上解决草原生态被破坏的问题。从2011年起，国家在内蒙古等9个省（区），全面建立草原生态补奖机制，实施第一轮草原生态保护补助奖励政策（以下简称草原生态补奖政策），以实现生态优先为导向的牧区高质量发展。2012年，又将河北等6个省（区）纳入政策实施范围。第一轮草原生态补奖政策结束后，试点省（区）在草原生态环境保护中取得明显成效。2016年，中央增加草原生态补奖资金，启动新一轮草原生态补奖政策，继续促进15个省（区）草原生态的稳步恢复。

草原生态补偿的效果如何？本书试图从理论层面构建草原生态补偿绩效

的评价模型，以DPSIR模型作为草原生态补偿效果综合评价模型，探索研究建立定量化的草原生态补偿效果评价体系，并以内蒙古为例评价生态补偿政策给内蒙古地区带来的影响，发现内蒙古草原生态补偿存在的问题，根据存在的问题与不足提出相应的对策建议，改进草原生态补偿的模式，不断优化生态补偿政策，提高草原生态补偿的效率，最终使得内蒙古地区的社会经济和草原的生态环境能够和谐、健康发展。

草原生态补偿对牧民收入的影响如何？本书从理论层面分析生态补偿标准变化对牧民收入水平的影响。由于牧民是草原的直接使用者及管理者，而草原又是牧民赖以生存的主要生计来源，牧民的收入水平直接影响着政策的执行度与生态的恢复程度，同时，草原生态补偿政策的实施意味着牧民要禁牧，因此生态补偿标准的高低直接影响着牧民的收入水平及禁牧意愿。如果补偿标准过低，将会出现牧民收入与生态同时恶化的恶性循环，那么补偿政策的实施将会毫无意义。因此根据草原生态与牧区经济之间相互耦合的复杂的作用机理，建立草原生态补偿标准对牧民收入的系统动力学仿真模型，通过设计不同的方案进行定量的模拟比较，对于生态补偿标准的调整及草原生态、整个国家生态环境的恢复都有着重要的理论意义和实践意义。

草原生态补偿标准及补奖资金分配是否合理？本书从理论层面探索草原生态补奖资金分配的新途径，并将其应用到草原生态补偿实践中。本书以能值理论与生态足迹理论为核心，运用能值分析法、Shannon－Wiener指数法和能值生态足迹模型法构建能值拓展模型，在此基础上测算草原生态外溢价值，以草原生态外溢价值为依据确定草原生态补奖标准，分配补奖资金。研究结果可为相关部门制定草原生态补奖标准提供有效借鉴，对我国草原生态补偿机制研究具有一定参考价值。

通过草原生态补偿绩效的评价发现现行草原生态补偿存在的问题，通过研究草原生态补偿对牧民收入和草原生态环境可持续发展的影响实现草原牧区经济、社会、生态的和谐发展，通过对草原生态补奖资金分配体系的研究实现合理制定草原生态补奖标准，公平分配补奖资金，上述问题的解决对我国恢复草原生态环境，维护草原生态安全与平衡，促进经济社会的和谐发展具有重要意义。

目录
CONTENTS

第1章 绪　论

1.1 研究背景

草原占到中国国土总面积的40%以上，是中国面积最大的陆地生态系统。然而，随着全球气候变化和区域社会经济的发展，中国草原开始逐年退化，主要体现在植被覆盖度下降、草原生产能力减弱、生物多样性下降等。2000年中国环境公报显示：我国90%的草地出现不同程度的退化，全国草原"三化"（退化、沙化、碱化）面积已达33.8%，并且每年以$2\times10^6hm^2$的速度增加，草地生态环境形势十分严峻①。2005年中国环境公报显示：仍然有90%的可利用天然草原存在不同程度的退化，全国草原生态环境"局部改善、总体恶化"的趋势还未得到有效遏制，公报中显示过度放牧、自然灾害以及人为破坏是加剧草原退化的主要原因。为解决草原环境持续恶化的问题，中国政府从2000年开始实施了"退牧还草工程"等一系列的草原生态保护建设工程项目，逐渐才从整体上缓解了中国草原退化的势头。截至2011年，我国实施的相对较大规模的草原生态保护工程有：退牧还草工程（2003），京津风沙源治理工程（2000）和西南石漠化草地治理工程（2006）。如表1-1所示，截至2015年中国政府分别对这三种草原生态保护建设工程项目累计投

① 国家环境保护总局.2000年中国环境状况公报[J].环境保护，2001（7）：10-19.

入了 235.7×10^8 元、47×10^8 元和 12×10^8 元，并取得了较好的草原生态保护成效。2014 年中国草原监测报告显示：随着各项生态保护工程及政策措施的实施，我国部分草原生态发生了一些积极的改善，使得我国草原生态整体恶化的势头有所减缓，但草原生态总体仍很脆弱，全面恢复草原生态的任务依然十分艰巨。

表 1－1　2000～2015 年国家在草原地区实施的较大型的草原生态工程项目

项目名称	起始年	投资额（亿元）	实施范围（省区市）	2015 年草原监测效果*
退牧还草工程	2003	235.7	内蒙古、青海、西藏、甘肃、四川、云南、辽宁、吉林、黑龙江、陕西、宁夏、新疆（含兵团）、贵州	项目区内的平均植被盖度为 67%，比非项目区高出 9%，项目区内的平均植被盖度和鲜草产量较 2010 年提高了 3% 和 7.7%，项目区牧草高度和鲜草产量分别比非工程区高出 48.0%、40.2%
京津风沙源治理	2000	47	北京、天津、河北、山西、内蒙古、陕西	2015 年项目区内的平均植被盖度比非项目区高出 18%，高度和鲜草产量分别比非项目区增加 69.6% 和 93.0%，内蒙古镶黄旗、锡林浩特市、东乌珠穆沁旗三旗（市）严重沙化草地面积较 2000 年减少约 35.7%
西南石漠化草地治理	2006	12	云南、贵州	改良草地项目区、围栏封育项目区和人工草地项目区的植被盖度分别提高了 11%、14% 和 28%，植被高度提高了 12.8%、32.4% 和 90.5%，鲜草产量提高了 33.3%、45.0% 和 156.4%
草原生态补奖机制	2011	769.93	内蒙古、四川、云南、西藏、甘肃、青海、宁夏、新疆（含兵团）、河北、山西、辽宁、吉林、黑龙江（含农垦）	全国重点天然草原的平均牲畜超载率为 13.5%，比 2011 年下降 14.5%

注：*此部分参考祁应军．草原生态补偿标准对补偿效率的影响研究［D］．兰州：兰州大学，2017.

在这种背景下，2011年国务院出台相关文件要求在中国草原牧区建立草原生态保护补助奖励政策（以下简称“草原生态补奖政策”），以“遏制草原生态退化趋势，增强牧区经济可持续发展能力，平稳提高牧民收入水平”为政策目标。从2011年起，中央财政每年向内蒙古、新疆、西藏、青海、四川、甘肃、宁夏和云南8个主要草原牧区省区及新疆生产建设兵团（以下简称兵团）支出136×10^8元实施草原生态保护补助奖励政策，到2012年增加至150×10^8元将政策实施范围扩大到河北、山西、辽宁、吉林、黑龙江5个非主要牧区省份和黑龙江省农垦总局（以下简称总局），截至2015年中央财政共拿出769.93×10^8元支持13个省区以及兵团和总局实施这项政策。第一轮草原生态补奖政策涉及六方面的具体政策内容：一是禁牧政策，二是草畜平衡政策，三是畜牧品种改良补贴政策，四是牧草良种补贴政策，五是牧民生产资料综合补贴政策，六是绩效考核奖励资金政策。无论从草原生态补奖政策的内容，还是从实施范围、执行力度来看，这项政策是继草原退牧还草工程之后的又一个重要的草原生态保护政策。而且2011年草原生态补奖政策出台之后，国家对退牧还草工程做了相应的调整，使之与草原生态补奖政策适应。截至2015年底，草原生态补奖政策的第一轮周期（2011～2015年）已经全部结束，并于2016年3月初，农业部联合财政部出台了《新一轮草原生态保护补助奖励政策实施指导意见（2016～2020年）》启动实施了新一轮草原生态补奖政策，规定对各项补偿标准有了略微提升。草原生态补奖资金的合理分配是草原生态补奖政策有效实施的关键，补奖资金分配不合理，会引发农牧户失去对草原生态保护工作的积极性和主动性，以至于无法进一步展开我国的草原生态环境保护工作。在第一轮草原生态补奖机制实施完成后，有必要对草原生态补奖支付体系进行更加深入的研究，为制定合理补奖标准、完善草原生态补奖体系提出科学的意见与建议。

习近平生态文明思想是习近平新时代中国特色社会主义思想的重要组成部分和核心内涵。习近平生态文明思想的一个重要方面，就是山水林田湖草的系统观、全局观或整体观。习近平总书记谈及建立国家公园体制时说道：“坚持山水林田湖草是一个生命共同体”，人类生存和发展的自然系统，是社会、经济和自然的复合系统，是普遍联系的有机整体。人类只有遵循自然规律，生态系统才能始终保持在稳定、和谐、前进的状态，才能持续焕发生机活力，因此应当以生态系统良性循环和环境风险有效防控为重点，建立健全生态安全体系。应当坚持节约优先、保护优先、自然恢复为主，实施山水林田湖草系统保护和修复工程，提升自然生态系统稳定性和生态服务功能，筑牢生态安全屏障。在重要生态功能区、陆地和海洋生态环境敏感区、脆弱区，划定并严守生态红线，构建科学合理的城镇化格局、农业发展格局、生态安全格局。其中，生态安全格局，以青藏高原生态屏障、黄土高原川滇生态屏障、东北森林带、北方防沙带和南方丘陵土地带及大江大河重要水系为骨架，以点状分布的国家禁止开发区域为重要组成部分的"两屏三带"，应与国土、区域、城市尺度上的生态安全格局保持一致。

习近平总书记在党的十九大报告中，首次将"树立和践行绿水青山就是金山银山的理念"写入了中国共产党的党代会报告，且在表述中与"坚持节约资源和保护环境的基本国策"一并成为新时代中国特色社会主义生态文明建设的思想和基本方略。同时，党的十九大通过的《中国共产党章程（修正案）》，强化和凸显了"增强绿水青山就是金山银山的意识"的表述。这既有利于全党全社会牢固树立社会主义生态文明观、同心同德建设美丽中国、开创社会主义生态文明新时代，更表明党和国家在全面决胜小康社会的历史性时刻，对生态文明建设做出了根本性、全局性和历史性的战略部署。生态文明建设要为实现富强民主文明和谐美丽的社会主义现代化强国做出自己的独特贡献。

1.2 研究意义

1.2.1 保护草原生态的重要性

草地、草原作为重要的陆地生态系统，具有极高的生态服务价值和经济功能价值。它不仅是牧民生存的基本生产资料，也是草地畜牧业发展的根本物质基础。此外，草原资源更为重要的功能是依据天然草原发展起来的畜牧业在提供物质产品的同时，维持了特定社会关系以及延续了传统草原游牧文化等多种社会功能。但随着人类活动加剧以及对生物资源开发力度的加大，生物资源受到破坏，生物多样性降低，全国90%的草原存在不同程度的退化、沙化和盐渍化。气候干旱、人口增长、超载过牧、开垦草原、乱征滥占草原、乱采滥挖草原野生植物、鼠虫灾害等是造成天然草原退化的主要原因。我们应从生态保护的角度出发，建立有利于草原生态可持续发展的长效补偿机制，从而从制度和资金上保障草原生态环境的不断改善。因此，开展草地生态系统恢复和保护的相关研究，是草地畜牧业可持续发展的关键。草地生态环境治理和恢复的最终目标之一在于保护恢复后草地生态系统的自我持续发展，必须在合理的草地管理制度下才可以保持草地生态系统的可持续发展和演替。我国的草原学者和生态学者都很少有关于草地管理的研究，草地管理研究的薄弱，导致了退化草地恢复后不能持续发展和利用，未退化草地和轻度退化草地则由于不善的管理和不合理的利用导致其不断地退化。所以，我国草地生态系统研究应开展相关的草地管理方面的研究，为我国草地生态系统的可持续利用提供保障。

1.2.2 草原生态补奖政策实施效果评价

从理论上来讲，近些年有不少专家在草原生态补偿领域进行研究并取得了很大的成效，这些都为之后的学者继续开展草原生态补偿研究工作奠定了基础。但是很大一部分专家学者的研究都集中在理论以及政策研究方面，都是从宏观层面对草原生态补偿进行研究，而很少有学者从微观层面或者从牧户角度出发对现有的补偿政策进展情况以及取得的效果进行研究。而牧民的生态保护意识以及对政策的支持力度直接关系到补偿政策能否顺利进行。因此，基于微观层面对草原生态补偿的实施效果进行研究具有重要的意义。

从现实层面来看，以鄂温克旗草原为例，生态状况近几年虽有好转，但总体还呈现恶化的状态，仍有一大部分草原处于退化状态，沙化现象不断加剧。天然草原的退化与气候的变化以及降水量的减少有很大的关系，但是人为的开垦荒地、乱征草地以及过度放牧都在一定程度上加剧了草原生态恶化的趋势。而草原作为我国北方地区的生态安全屏障，在水源涵养以及沙尘暴、水土流失的防护方面发挥着重要的作用。因此对现有的草原生态补偿政策效果进行评估，以建立完善的补偿机制对目前草原生态的恢复意义重大。

另一方面从经济学意义的角度来讲，草原生态补偿就是从利用草地资源得到的收益中提取一部分来归还草原生态系统建设，以维持草原生态系统的稳定性。因此，草原生态补偿制度是维持草原可持续生长的重要保护制度。在草原牧区还存在着城市与牧区发展不平衡的问题，随着禁牧休牧政策的实施，牧区出现了大批的闲置劳动力，这些劳动力如果不转移出去将会给草场带来更大的压力，也会阻碍牧区社会的和谐发展。因此完善草原生态补奖政策对促进牧民增产增收，对加快牧区经济发展，促进和谐社会建设以及维护国家生态安全都具有重要意义。

要想建立合理的草原生态补奖机制，首先必须对现有的补奖机制进行效益评估，从而完善现有的草原生态补奖机制。对第一轮草原补奖政策周期实施以来的成效进行评价，深入分析牧区发展现状，提出有效的政策改进建议，不仅有助于新一轮的政策实施，进一步改善政策实施效果，而且有利于改善牧民生产、生活水平，调动其保护草原生态环境的积极性，对促进牧区经济发展，维护社会安定、国家安全都具有重要指导意义。

1.2.3 草原生态系统能值研究

人类与自然界创造的所有财富均包含着能值，都具有价值。自然资源、商品、劳务和科技信息均可用能值衡量其固有的真实价值，评价其贡献。因此，能值是财富实质性的一种反映，是客观价值的一种表达。能值的应用并不是要取代货币的市场功能，而是用来评估自然资源对生态经济系统的作用，是政策分析和决策研究的手段。货币与能值的数量关系，通过能值/货币比率表示和反映，能值/货币比率是某个所研究的生态系统在单位时间内（通常为一年）的总能值使用量与当年的生产总值的比率，可看作是衡量货币实际购买力的标准，反之，已知能值使用量除以能值/货币比率可反算出能值的货币价值，从而可实现在分析评价和应用生态服务价值与草地生态经济系统货币价值的对接。能值被认为是联结生态学和经济学的桥梁。总之，以能值为基准，可对系统的各种生态流进行能值综合分析和评价，并计算出一系列反映生态与经济效率的能值综合指标体系。它与能量系统图相结合，可以对不同尺度、不同类型的系统进行综合研究。该理论把社会、经济、自然三者有机统一起来，定量分析自然和人类社会经济的真实价值，表明自然与人的作用和贡献。在理论上，能值分析理论提供了一个衡量和比较各种能量的共同尺度，找到了生态系统的各种生态流进行综合分析的统一标准，发展和丰富了生态学与经济学的定量研究方法。在实际意义上，应用能值可衡量分析整个自然和人类社会经济系统，定量分析资源环境与经济活动的真实价值以及它们之间的关系，有助于调整生态环境与经济发展，以及自然资源的科学评价与合理利用、经济发展方针的制定等，对实施可持续发展战略具有重要意义。

1.2.4　草原生态补奖资金分配标准

近年来，很多学者从理论上研究了草原生态补奖的效果、对草原生态经济系统的影响等，这些都为之后的学者继续开展草原生态补偿研究工作奠定了基础。我国学者关于生态补偿财政制度的理论研究主要集中于均衡性转移支付方面，均衡性财政转移的政策目标是推动区域平衡发展，注重公平但是相对缺乏效率，这种制度安排使得补奖资金与草原实际生态价值脱离。本书利用能值分析法、Shannon - Wiener 指数法与能值生态足迹法构建能值拓展模型，实现了多种方法的融合，在模型构建上具有一定的创新性。一方面，鲜有学者将能值拓展模型应用于草原生态补奖支付体系的构建研究。但这一研究方法不仅符合草原生态补偿标准测算方法逐渐向生态学靠拢的发展趋势，而且在草原生态补奖支付体系研究中引入能值拓展模型，丰富了草原生态补偿标准的测算方法与手段。另一方面，在能值拓展模型的构建中将传统的生态足迹模型改为能值生态足迹模型，在一定程度上弥补了传统生态足迹模型存在均衡因子与产量因子选择争议的缺陷。笔者以生态外溢价值为理论依据，基于能值拓展模型重构草原生态补奖支付体系，从理论上重新确定了草原生态补奖资金分配标准，为我国草原生态补偿机制研究提供了新的研究视角。

构建草原生态补奖支付体系从而确定草原生态补奖资金分配标准是草原生态补奖政策有效实施的关键，对我国草原牧区的可持续发展具有重要作用。因为它不仅关系到草原生态环境保护者和受益者的切身利益，更重要的是它直接影响草原生态补奖政策的长远效果。如果草原生态补奖资金分配标准偏低，则无法缓解草原生态保护与资源开发利用、经济发展的矛盾和冲突，会导致草原环境继续恶化，补奖政策不能起到应有的激励作用；如果草原生态补奖资金分配标准过高，则会超过中央财政的承受能力，导致补奖政策难以实施。因此构建恰当的草原生态补奖支付体系，是保障草原生态补奖政策有效开展的重中之重。从实践上讲，通过提出配套的政策措施和建议，保障新一轮的草原生态补奖政策的顺利实施，科学高效地分配补奖资金，完善牧区草原生态补偿机制，提升草原生态系统服务功能，改善牧民生产和生活水平，调动牧民保护和建设草原的积极性，从而为促进牧区经济发展，维护民族团结、社会安定、国家安全提供有力保障，推动草原生态文明建设，为实现全面建成小康社会的目标贡献力量。

1.3 研究目的

长期以来，由于人们对草原生态服务功能认识的局限性，过分注重草原的生产功能，忽视其生态功能，将草原的经济价值置于其生态服务价值之上，对草原掠夺式的开发利用超过草原生态环境承载力，致使草原生态环境严重恶化。虽然近年来国家不断加大对草原生态环境建设的投入力度，但是并没有扭转草原整体恶化的趋势，以内蒙古为例，草原补奖政策实施前 2010 年末牲畜总头数为 6 845.7 万头，而 2015 年末牲畜数量增长到 7 307.7 万头，增长了 6.75%。其中，羊存栏量在政策实施的前三年由 5 277.2 万只下降到 5 239.2 万只，下降了 0.7%，而在 2015 年末羊存栏量增加到 5 777.8 万只，增加了 9.5%。[①]

本书拟针对草原生态补奖支付体系研究的不足，结合草原生态补奖政策的实践与效益评价，从理论和实证两个方面对草原生态补奖体系进行研究。理论构建方面，从理论上分析了草原生态补奖支付体系重新构建的必要性和紧迫性，对草原生态补奖支付体系重新构建的理论依据进行详细阐述，并建立了草原生态补奖支付体系的理论模型，以此计算草原生态系统的生态外溢

① 内蒙古统计局. 内蒙古统计年鉴（2011～2016）.

价值。在此基础上，重构草原生态补奖支付体系。实证研究方面，把理论成果分别应用到全国草原生态补奖支付资金和内蒙古草原生态补奖支付资金的重新分配中，运用能值拓展模型分别测算其草原生态外溢价值，据此对全国草原生态补奖资金及内蒙古草原生态补奖资金的分配提供参考标准，重构草原生态补奖支付体系，进一步提高补偿资金的使用效率，为完善我国草原生态补偿机制提出合理的政策建议。

1.4 国内外研究现状

1.4.1 国外研究现状

1. 生态服务功能价值研究

补偿标准的确定是生态补偿有效实施的关键环节，换句话说，生态补偿政策的目标是否能够实现在一定程度上取决于补偿标准的合理性。关于生态补偿标准方面的研究既是生态补偿领域的研究热点也是研究的难点，国内外学者从不同角度，运用不同方法来对生态补偿标准展开研究，但由于理论依据不同，学者们始终无法找到统一的补偿标准。一些学者通过生态系统服务价值评估来确立补偿标准，生态补偿标准可以依据生态系统产生的生态效益或者是维护的成本抑或是在综合分析两者空间上存在的差异为基础进行计算，生态系统服务价值已成为生态补偿标准测算的重要依据。

康斯坦扎（Costanza，1997）对全球生态服务功能进行定量评估，将生态系统的价值划分为17项服务功能，并从经济学的角度对生态系统的服务功能进行估算，得出了每年全球生态功能的经济价值约为33万亿美元①，此后塞德尔等（Seidl et al.，2000）以康斯坦扎的研究为基础，并对康斯坦扎确定的各种生态系统服务功能价值进行了修正，在此基础上，对巴西湿地的服

① Costanza R. et al. The value of the world's ecosystem services and natural capital [J]. Nature, 1997, 387: 253-260.

务功能进行研究，重新评估与测算了湿地的生态功能价值，从此生态系统价值评估研究被推向高潮。

国外学者对生态系统服务功能的价值核算方法进行了多角度的探索。目前，生态系统服务功能价值评价方法主要有三大类：第一类：直接市场法，主要包括费用支出法和市场价值法两种。皮曼特尔等（Pimentel et al.，1998）采用市场价值法测算出美国生物多样性的经济价值为3 000亿美元①。第二类：替代市场法，主要包括机会成本法、影子工程法、恢复和防护费用法及旅行费用法，其中以机会成本法最为常见。克拉伊格（Craig，2007）在研究如何实施牧区造林计划去改善现代农业的生态环境时，考虑到农户选择植树造林而不用于其他生产，会造成机会成本的损失。乌施尔（Wùnscher，2010）研究哥斯达黎加毁林计划实施以后，根据不同土地的价值，综合考虑农民在选择种植牧草后所放弃土地其余用途的机会成本；第三类：模拟市场法，主要包括条件价值法。条件价值法（contingent valuation method，CVM），这种方法无论是在评价公共物品还是评估生态服务价值方面都被认为是最有前途的方法之一，该方法是在假想市场中引导被访问者说出自己的支付意愿。（willingness to pay，WTP）或者是受偿意愿（willingness to accept，WTA）的货币量，由此能够估算出公共物品的非使用价值。

2. 国外能值理论研究现状

美国生态学家奥杜姆（H. T. Odum）于20世纪80年代在生态能量学的基础上提出能值理论，能值是一个新的科学概念和度量标准，奥杜姆将能值定义为一种流动或储存的能量所包含另一种类别能量的数量，能值分析法是从生物链、能量等级、能量转化等角度对生态系统服务价值进行测算。奥杜姆通过对国家、流域、城市、企业等各类生态经济系统进行能值分析研究，形成了一套国家能值分析方法，建立了综合能值评价体系。此后国外学者运用能值分析法在不同领域展开研究，美国生态学家布朗（Brown）和意大利生态学家尤格亚蒂（Ulgiati）于1997年将评价系统产出效率和环境压力的系统能值产出率（EYR）与环境负载率（ELR）做商，得到能值可持续指标

① Pimentel D.，C. Wilson，C. McCullum et al. "Economic and environment Benefits of Biodiversity". Ecological Economics，1998，25：45－47.

(ESI)，该指标可以综合评价系统的可持续发展性能，在系统可持续发展的能值评价方面迈出了一大步，1997 年，德希法拉赫（Dhifallah）将能值理论应用于农业生态经济系统，提出需要调整农业结构，通过发展旱作栽培和牲畜饲养等措施提高农业生态系统的经济价值。布恩菲（Buenfi）为了更好地理解不同环境和规模下的水资源的价值，运用生态足迹法从四个维度估测了水资源的能值，探索了水资源的能级结构。乔汉纳、尤里卡和托布乔恩等（Johanna，Ulrika & Torbjörn et al.，2001）计算了污水处理过程中各种资源的能值投入包括可更新资源太阳能、风能等，不可更新资源以及建筑资源、人工等外来投入能值，进而计算出该污水处理系统的投入与产出比，以确定该系统建设的经济价值和可行性。提雷等（Tilley et al.，2003）用能值分析方法评估了美国南部阿巴拉契亚山脉多功能温带混交林生态系统的自然财富。阿考斯汀霍等（Agostinho et al.，2010）通过综合运用能值理论和地理信息系统对 Mogi - Guaçu 和 Pardo 流域进行评估，计算了能值产出率、环境负载率等，综合评价得出该流域生态系统处于不可持续状态。2013 年，吴、何、徐（Wu J. H.，He C. L. & Xu W. L.）将能值与生态足迹模型结合，定量的评估 LP 水力发电工程项目对环境的影响情况，研究结果表明，该项目可以在洪水控制方面创造能值价值为 1.06E + 21sej，在生态旅游方面创造能值价值为 2.31E + 19sej，该水电项目创造的经济价值也相当可观，与造成的负面影响能值相比较，正面影响远远大于负面影响。同年里卡多和罗伯特（Ricardo & Robert）等将能值分析应用于加拿大蒙特利尔市的小岛的可持续发展研究，估算了在该城市流通的不同等级能量的能值，衡量出该城市自有资源价值和输入资源价值，合理确定了有利于城市可持续发展的经济发展结构。2014 年，梅利诺和尤格亚蒂（Salvatore Mellino & Sergio Ulgiati）基于土地不透水层的 GIS 图和能值方法研究了在坎帕尼亚地区 1990～2006 年的景观新陈代谢和城市化过程中土地生态状况，提供了一种评估土地环境价值和质量的方法。瓦塔纳比等（Watanabe et al.，2014）基于能值理论，以 Taquarizinho 河流域生态系统为例，通过水碳模型量化了 Taquarizinho 多年来土地利用变化对生态系统服务的影响。卡普贝尔等（Campbell et al.，2014）采用能值分析方法，从生物物理学的角度对马里兰州的森林生态系统的水文、土壤、碳、空气污染、授粉和生物多样性等生态服务价值进行了测算，并建议政府相关部门应在生态系统服务的永久化生产方面投入相应的价值。波尼拉等（Bonilla et al. , 2010）通过能值分析方法，利用能值可持续性指数（emergy sustainability index，ESI）从劳动力、时间和空间三个维度对巴西龙竹种植园的可持续性进行了评估。吉安内蒂等（Giannetti et al. , 2011）在研究中，利用能值分析方法综合评估了位于巴西塞拉多的米纳斯吉拉斯州科罗曼德的咖啡农场的环境绩效，并计算出其在国际市场交易的环境服务价格。维格里亚等（Viglia et al. , 2017）运用能值会计和累积能源需求方法来开发和验证城市环境可持续性指标，并用意大利五个不同规模的城市系统作为案例研究，并参考这五个城市的资源使用情况，提出城市可持续发展的对策建议。

3. 国外生态补偿效益评价研究现状

科学的评价方法与合理的评价标准是生态补偿成功发挥作用的重要保证，国外学者对此进行了较深入的研究并积累了许多宝贵的经验。

乌施尔等（2012）认为在进行生态补偿评价时首先应关注补偿目标是否如期实现。阿马多等（Garciaa - Amado et al. , 2010）指出企业与政府在进行生态补偿时所追求的补偿效应并不完全一致，其中前者更关注补偿的直接经济效益，而后者除关注经济效益外，还关注减贫等社会目标。皮尔森等（Persson et al. , 2013）通过构建博弈模型对补偿收益进行了分析，指出补偿参与者的决策倾向、利益相关方参与补偿的比例以及补偿标准都会对补偿效果产生影响。赫佐格等（Herzog et al. , 2005）评价了瑞士生态补偿区的生物多样性效果，结果表明经营强度对物种的丰富度影响非常强烈。佐宾顿等（Zbinden et al. , 2005）用计量经济分析方法对哥斯达黎加的农民和森林资源所有者的生态补偿行为进行了分析，认为农场规模、家庭状况、信息因素以及人力资本非常明显地影响着生态补偿的参与度，不同主体的补偿参与差异度非常大。莫里斯（Morris，2006）分析了生态补偿对英格兰东部农民土地使用情况的影响，结果表明生态补偿对不同农场农民产生不同的经济效应，农民出于经济目的所选择的土地利用偏好通常与政策所执行的补偿方式不同，要保证二者的一致与协调，需要具体情况具体分析，平均统一的政策效果往往不理想。希尔拉等（Sierra et al. , 2006）从生态补偿效率的角度对生态补偿进行了研究，提出在森林生态补偿中由于森林资源的改变需要一定时间，补偿的直接效果通常并不明显，因此要想提高生态补偿的效率应该将补偿对象调整为人而不是待补偿的区域。迪奇亚（Dietschia，2006）研究了瑞士生态补偿政策对区域植物多样性的具体影响，结果表明生态补偿确实对草场的植被覆盖情况有明显改善。加希亚等（Alix - Garcia et al.，2008）通过对比分析提出，与平均式付费或其他方式相比，风险式付费由于总体支付水平较低的原因，其对贫困对象的补偿效率还有很大提升空间。瑞因（Ring，2008）研究了流域生态补偿中生态转移支付的效果，发现自生态转移支付实施以来，市州两级的流域生态保护区面积增长迅速，同时指出生态转移支付不仅激励地方政府开展生态保护活动，而且实现了对流域范围内土地使用限制的补偿。

4. 生态补偿机制方面研究

目前，国外生态补偿机制的研究成果主要集中在补偿机制的构成要素上，主要包括生态补偿的主体和客体、生态补偿标准和生态补偿效果。

（1）生态补偿主体与客体。

生态补偿的研究必然涉及不同利益主体之间的利益分配问题，明确“谁对谁补偿”和“对什么进行补偿”是建立生态补偿机制首先要考虑的问题。因此，主体和客体的确定是生态补偿机制建立的首要出发点和归宿点，现有研究认为，生态补偿主体包括生态环境服务的受益者（即补偿主体）和生态环境服务的提供者（即受偿主体）。生态系统服务的受益方可能是环境服务的使用者，一般称为使用者补偿；同时也可能是第三方（如政府、NGO等）代表环境服务的使用者，此类型一般称为政府补偿。在生态补偿项目开展初期，通常由政府作为补偿主体来执行。例如萨拉（Sara，2004）等对生态补偿模式及资金来源进行了研究，其认为国际上支付生态环境服务的主要方式仍然是政府购买模式。不同补偿主体的补偿效率具有一定的差异，帕吉奥拉（Pagiola，2007）等认为使用者补偿一般要比政府补偿更加有效率，这是因为环境服务的使用者可以获得较多的关于此类环境服务价值的信息，其具备一定的动力来监督生态补偿项目的有效运行，可以直接了解到环境服务是否被有效提供，当环境服务量低于协议约定量时，其可以终止补偿协议或者再协商。与帕吉奥拉相反，恩格尔（Engel，2008）等认为与使用者补偿相比，政府补偿一般更加有效。这是因为环境服务属于公共物品，随着环境服务使用者数量的增加，相应的交易费用和“搭便车”的行为也会随之增加，而政府补偿能够减少使用者“搭便车”的问题并且会产生交易费用的规模效应。温德尔等（Wunder，2008）等通过比较分析 13 个不同国家的生态补偿典型案例，认为在小范围实施的生态补偿，使用者补偿效率高于政府补偿效率，但随着范围的不断扩大，相应的交易费用也会不断增加，由于存在交易费用规模效益，因此大范围的实施政府补偿要比使用者补偿更有效率。

（2）生态补偿标准。

国外学者通常将生态补偿称为生态服务付费/环境服务付费（payment for ecological services/payment for environmental services，PES）。综合国外生态服务付费标准的研究成果可知，生态服务付费标准的确定方法主要有生态服务功能价值法、条件价值法/支付意愿法（contingent valuation method，CVM）和机会成本法。

康斯坦扎等（1997）将生态系统服务功能分为 17 种类型，通过生态当量计算全球生态服务功能价值用货币表示约为 33 万亿美元/年。威廉姆斯等（Williams et al.，2010）将生态服务功能价值法应用于苏格兰，基于可用值的初始估计测算出苏格兰当前年度生态系统服务价值大约为 170 亿英镑。普兰汀加等（Plantinga et al.，2001）利用 1987～1990 年各县的保护区计划（conservation reserve program，CRP）数据，估算了美国 9 个保护区的退耕供给函数，基于此预测了当地农民的退耕土地面积和退耕补偿标准。巴瑞纳等（Barrena et al.，2014）采访了当地居民对农业遗产价值的支付意愿，经调查可知，每人每年的支付意愿达到 50.5 美元，且支付意愿并没有随着提供农业遗产的景观距离增加而减少，这表明农业遗产对于当地和远程人口同样重要。里森德等（Resende et al.，2017）以巴西东南部 SerradoCipó 国家公园为例，基于支付意愿法估算了 SerradoCipó 国家公园所提供的货币价值。其中，该地区受访者的平均支付意愿为 7.16 雷亚尔/年，相当于总共约 716 000 雷亚尔/年。同时作者还发现人均收入、家庭规模、对环境问题的兴趣程度和原产地影响了个人愿意为保护公园做出贡献的可能性。

克拉伊格（2007）试图通过实施牧区造林计划弥补农民因造林损失的机会成本，以此保护农业生态系统环境。乌施尔（2010）对哥斯达黎加毁林计划实施后当地土地其他用途的价值进行了探讨，并且利用机会成本法研究了该区域农民将土地弃耕还草的生态补偿标准。阿蒂萨等（Atisa et al.，2014）为改善东非的马拉河水质提出了流域服务支付机制，这是一种基于市场的方法，即下游用水户向上游流域服务提供商支付最佳管理实践的实施成本。霍兰德（Holland，2016）以秘鲁安第斯山脉东坡的三个亚山地边境森林地区为例，对热带森林边界发展的机会成本进行了研究，结果表明2013年每增加一公顷的森林，一块土地的预期价格就会上涨1 371美元至2 587美元。

（3）生态补偿效果。

生态补偿作为一种环境政策工具，其政策目标就是保护环境，但是如何在有限的资金约束条件下实现资金利用效率的最大化一直是学术界研究的热点问题，法雷等（Farley et al.，2010）认为在不考虑社会公平等其他目标的前提下，生态补偿产生的总社会价值与环境公平、自然资本保护和可持续生态提供等方面减去其总的社会成本所产生的最大化净价值相等，就意味着效率的实现。克罗格（Kroeger，2013）认为通过优化机制设计等方式可以使生态补偿计划在服务产出上达到“最优”或“最有效率”，实际上这些“最优”或“最有效率”仅仅只是符合“成本—收益”原则。由此可知制度效率可以通过两方面表现：

首先是成本有效性。乔斯特（Johst，2002）对土地的成本有效性做了以下定义：成本有效性是指变更土地利用方式所产生的机会成本，也就是实施某种生态保护方法所能获得最大化的生态保护产出（maximum conservation output），继这一研究以后，比纳和维特默（Birner & Wittmer，2004）对成本有效性的基础框架进行了分析，主要从三个方面对成本有效性展开深层次的分析，分别是产出成本、决策成本和执行成本三个成本的效率。这三个成本的效率共同决定了生态补偿成本的有效性。但是，瓦佐德（Wätzold，2005）对此观点提出了异议，他指出在对成本有效性实际实施过程的分析中，无法精确估计决策成本效率的提升，需要考虑决策成本和其他两个成本之间的平衡。希尔拉等（Sierra et al.，2006）在研究哥斯达黎加对森林资源进行生态补偿的效率问题时，发现土地本身存在的变化和土地使用者对土地管理变化的滞后性和非义务性，使得生态补偿的效果往往低于预期值，要想提高生态补偿的效率就需要将补偿对象从地区转变为人，皮尔森和阿皮扎（Persson & Alpizar，2013）也就项目的受益者是提高生态补偿项目效率的关键因素进行了论述。他们提出在实施生态补偿项目过程中应能够分清项目的受益者，明确那一部分因为得不到生态补偿而不执行生态保护要求的人，分清情况、认清事实，将生态补偿资金适时适度的向此类保护者转移。

其次是削减贫困。保护环境是生态补偿的首要目标，但是在政策实践中也会并存一些附加的社会目标，比如削减贫困。由于能够提供生态环境服务的地区一般都为偏远贫困地区，而生态补偿项目实施一定会对当地民众的生计产生重要影响。米尔斯等（Landell – Mills et al.，2002）指出生态补偿要想起到缓解贫困的效果，需要面临的阻碍还很多，例如客观方面不清晰的土地产权、较高的交易费用和不健全的基础设施等问题，主观方面单一的生计、对自然资源的高依赖性。如果不能有效地解决这些问题，生态补偿很有可能会进一步拉大收入差距，产生贫困农民更加贫困的现象，对贫困农民脱贫产生抑制作用。帕吉拉（Pagiola，2005）就生态补偿减贫作用的复杂性进行了论述，生态服务的提供者在贫富程度上是存在一定差异的，生态补偿一般是按照管理自然资源的范围和数量确定生态补偿金额的，这样一来，那一部分占有较多自然资源的人就会获得较多的补偿，相反，自然资源占有较少的人就会得到较少的补偿。杨等（2013）评估了中国自然森林保护计划（NF-CP），研究结果表明该计划对森林覆盖率增加的效果显著，但也存在负面的影响，例如野生动物对经济作物的破坏，使农民受损。

1.4.2 国内研究现状

1. 生态服务功能价值研究

相比国外，我国的学者针对不同自然资源的生态系统服务价值进行估算，进而确定生态补偿标准，研究范围较广。陈仲新和张新时（2000）参照康斯坦扎等的研究方法，对中国生态系统的功能与效益进行了价值评估并与世界生态系统的总价值进行了对比，对我国各省区市生态系统服务价值进行了计算。叶永恒等（1998）采用生态环境破坏经济损失估算法、恢复工程费用估算法、市场价值法、影子工程法和机会成本法全面系统地对抚顺市多种矿产资源开发所造成的生态环境损失进行了估算。谢高地等（2001）对我国草地生态系统的结构进行了分析，对其服务功能进行了估算，并以青藏高原地区生态系统服务价值为例进行了评价。苑莉（2009）则运用机会成本法、影子工程法、市场价值法、资产价值法等多种方法，对乐至县土地生态服务功能价值进行了测算，结果显示2007年该县土地生态服务价值为21.1亿元，其间接价值是直接价值的4.9倍，得出土地生态系统创造的间接价值远远高于直接价值的结论。刘琪和明博（2011）利用市场价值法对太原市城区和近郊各类生态系统土壤进行了价值测算，测算得出其价值从1990年的81.89×10^5元上升到2002年的196.98×10^5元①。毛德华等（2014）基于能值分析理论，对洞庭湖区退田还湖1999~2010年间的各项主要生态服务价值的能值及其货币价值进行了计算，表明洞庭湖区退田还湖年补偿标准在40.31~86.48元/m^2，均值为57.33元/$m^2$②。谢高地等（2015）对中国生态系统提供的11种生态服务功能价值进行测算，计算得出中国各类生态系统每年提供的服务价值总量为38.10万亿元③。王奕淇等（2019）从公平的视角出发，以渭河流域上游为例，在生态服务价值供给的基础上去除本地区的自身消费作为新的生态补偿标准，最后，测得渭河上游应获得的补偿标准由2006年的12.82亿元上升至2015年的44.09亿元④。

2. 国内能值理论研究现状

（1）生态系统能值分析。

国内生态系统的能值分析主要包括生态系统的可持续性评估和生态系统服务价值的测量和评估。梁春玲等（2012）以南四湖为例，对湿地生态系统进行能值分析与区域发展研究。胡世辉等（2010）运用能值分析法对西藏工布自然生态保护区的生态系统服务价值进行了评估。汤萃文等（2012）基于

① 刘琦，明博．GIS支持下生态系统土壤保持生态价值评估——以太原市城区及近郊区为例［J］．土壤通报，2011，42（02）：456-460.

② 毛德华，胡光伟，刘慧杰，李正最，李志龙，谭子芳．基于能值分析的洞庭湖区退田还湖生态补偿标准［J］．应用生态学报，2014，25（02）：525-532.

③ 谢高地，张彩霞，张昌顺，肖玉，鲁春霞．中国生态系统服务的价值［J］．资源科学，2015，37（09）：1740-1746.

④ 王奕淇，李国平．流域生态服务价值供给的补偿标准评估——以渭河流域上游为例［J］．生态学报，2019，39（01）：108-116.

能值理论对东祁连山森林生态系统服务价值进行了评价。滕腾等（2018）以西安市浐灞生态区为例对其生态系统服务功能进行了可持续性分析。范红红（2011）基于能值生态足迹模型，评估了海洋油气资源的生态承载力以及海洋的生态环境价值。王显金等（2018）利用能值分析法核算了杭州湾新区海涂湿地围垦前后生态价值，并基于此为海涂围垦生态补偿机制提出了参考建议。

（2）生态经济系统能值分析。

目前国内学者对于生态经济系统的能值分析主要从三个层次展开，分别是区域生态经济系统、城市生态经济系统和产业生态经济系统。

首先是区域生态经济系统。在省域尺度上，谭程程等（2012）利用能值理论对黑龙江省域生态经济系统的发展状况进行评估，建立了情景预测模型。易定宏等（2010）利用能值理论对贵州省生态经济系统进行了分析。伏润民等（2015）基于拓展的能值模型，根据生态外溢价值补偿构建了生态功能区财政转移支付资金补偿体系，并以全国31个省区市为案例，对生态功能区财政转移支付资金分配进行实证测算。在市域尺度上，陈晓等（2017）利用能值分析法对宁夏各市的生态经济系统进行了对比研究；在县域级尺度上，方敏哲等（2017）利用能值理论和土地利用转移矩阵对磴口县的土地生态经济的可持续性进行分析，于水潇等（2017）基于能值理论，应用生态补偿优先级模型，对河北省108个县的生态系统生产总值及生态补偿优先级进行测算，并从整体、地貌类型、区县3个空间尺度分析了河北省生态补偿的优先领域。

其次是城市生态经济系统，城市是人类生活的主要载体，也是经济活动的中心，因此研究城市生态经济系统具有主要意义。苏美蓉等（2009）综合考虑了城市的生命体特征及物质能量代谢层面因素，依托城市生命力指数框架，比较了城市生态系统的相对健康状况，采用基于集对分析的城市能值—生命力指数综合评价模型及信息熵权重，比较了北京、上海、武汉、广州等16个城市的生态系统相对健康状况。曹明兰等（2009）以唐山为例，提出基于压力、状态、响应的城市生态安全评价体系和城市生态安全指数EUESI。陈克龙等（2010）从城市生态系统健康的内涵出发，选择系统活力、组织力、恢复力、生态服务功能和人群健康状况构建了城市健康评价指标体系。

王智宇等（2018）基于能值分析和城市复合生态系统理论对西安市三个发展核心区的生态经济系统进行了可持续性研究。

最后是产业生态经济系统，通过对产业生态经济系统的正确合理评估，为产业优化升级提供有针对性的政策建议。就第一产业农业而言，王伟伟等（2019）运用能值理论研究了禁牧政策对农业生态经济系统的影响，周江等（2018）以湖南省为例对省级的不同级别稻作系统进行了生态能值分析，黄学峰等（2017）运用能值理论研究了土地整治对农田生态系统的影响，付意成等（2013）基于能值分析法，计算得出永定河流域的农业生产总能值为 $3.80\times10^{16}sej/hm^2$，并基于此确定其农业生态补偿标准，苏浩（2014）运用能值分析法，以河南省及其各地市为例，测算出2003~2012年的耕地生态系统服务功能价值。同时基于能值生态足迹等相关理论，计算出其耕地生态系统的生态足迹与生态承载力，在此基础上试图确定河南省耕地的生态补偿标准。就第二产业（工业和建筑业）而言，张国兴等（2018）对2007~2016年西北资源型区域生态经济系统进行了能值分析，并提出在改善生态环境基础上优化产业结构的建议，贾舒娴等（2017）使用能值分析法研究了江西省有色金属矿产开发的生态影响问题，刘文婧等（2016）选取我国有色金属采选业为研究案例，并基于能值分析方法，核算了矿产资源开采过程中造成的直接、间接环境损失，提出了生态补偿指数，用以为生态补偿标准的制定提供参考依据。就第三产业而言，主要涉及旅游业和交通等服务型行业，李淑娟等（2012）研究了能值理论在海岛生态旅游中的应用，王楠楠等（2013）以九寨沟自然保护区为案例对自然保护区旅游的可持续发展进行了评价。

3. 国内生态补偿效益评价研究现状

补偿效益评价同样是国内学者的研究重点，学者们结合各自的研究领域和专业方向对此进行了深入研究。

单薇（2009）采用评价方法中的主成分分析法建立评价模型，评价了我国生态补偿的整体效果。岳思羽（2012）以汉江流域生态补偿为研究对象，设计了其效益评价指标体系，运用层次分析法对所选指标赋予权重，评价了当地生态补偿的效果。翁海晶（2014）以祁连山自然保护区为例，采用市场价值法、碳税法、机会成本法等对其生态效益补偿进行了综合评价。王国成（2014）以甘肃省碌曲县为研究对象，运用 DPSIR 模型构建了碌曲县草原生态补偿综合评价体系，对其补偿政策进行了综合评价。郭玮（2014）等运用因子分析法，建立了生态补偿评价指标体系，对目前我国各省生态补偿的转移支付效果进行了评价。张辉（2015）从生态效益、经济效益和社会效益方面筛选出合理指标，运用主成分分析法和层次分析法对我国林业生态补偿做了绩效评价研究。

4. 国内生态补偿标准研究现状

我国对生态补偿研究起步较晚，20 世纪 90 年代环境保护和生态补偿才被关注。通过查阅大量国内相关研究成果，生态补偿机制中生态补偿标准的确定是目前生态补偿的研究重点。

周健等（2018）以重庆三峡库区为研究对象，基于生态足迹模型量化了 2010～2016 年重庆段所有区县的生态补偿标准，其年均约为 54.92 亿元。蒋毓琪等（2018）计算出为保护浑河流域下游的生态环境，流域上游向其提供的森林生态服务价值，并通过主成分分析法测算出浑河流域下游各市县的生态补偿系数，在此基础上确定了浑河流域森林的生态补偿标准。盛文萍等（2019）综合考虑生态环境、区域定位和资源稀缺度三个因素，针对北京市生态公益林制定了差异化补偿方案，依据该方案北京生态公益林补偿标准范围在 176 元/hm^2 到 2 168 元/hm^2。聂承静等（2019）基于边际效应理论结合专家赋权法，计算出了北京和河北省张承地区的森林生态服务价值，得到北京应在现有补偿基础上向河北省张承地区再支付森林生态补偿金额 450 192.24 万元/年至 1 206 508.38 万元/年的结论。包贵萍等（2019）创建生态补偿标准、新增生态系统服务价值、利用土地面积等的四维分析模型，以浙江省松阳县为例确定了南方红壤丘陵新开垦耕地的补偿标准。吴强等（2019）基于生态服务功能价值法，结合 R. Pearl 生长曲线构建了新的生态补偿算法，确定马尾松林的生态补偿标准为 150 元/(hm^2 · a) 至 1 430 元/(hm^2 · a)。

潘静等（2017）以甘肃迭部县森林为例，采用条件价值评估法计算得到迭部县森林文化价值的人均支付意愿为 18.96 元/年到 53.71 元/年。袁瑞娟等（2018）以东苕溪流域为例，基于条件价值法测算出此流域居民的补偿金额范围为 104.01 元/(户·年) 到 128.54 元/(户·年)。卢佳欢等（2018）运用 CVM 意愿调查法，测算出游客对扎龙自然保护区的生态补偿平均支付意愿为 50.85 元/年，总支付意愿值为 1 983.15 万元/年。其中，支付意愿值受到职业、月收入、年旅游支出、满意度、环保关注度、生态补偿了解程度的影响。吕悦风等（2019）运用成本收益法、能值分析法和双边界二分式法，测定要使南京市溧水区水稻种植户减少化肥使用量，平均补偿标准约为 882.49 元/(hm^2·a)。

李晓光等（2009）应用机会成本法确定了海南中部山区的森林补偿标准为 2.37×10^8 元/年，同时探讨了时间因子和风险因子对机会成本的影响。饶清华等（2018）基于机会成本法建立了闽江流域跨界生态补偿标准测算模型，结果表明 2010~2015 年期间流域下游地区福州市需要向上游地区三明市、南平市共支付生态补偿额 2.5797 亿元到 3.4913 亿元。张晶渝等（2019）认为农业休耕补偿需要按农户是否真正以耕地作为主要生计来源进行分类，并运用机会成本法测算出河北省平乡县不同生计来源农户的休耕机会成本，在不考虑市场价格变化的条件下，建议农业劳动力的休耕成本为 443.2 元/亩①，非农劳动力的休耕成本为 231.4 元/亩，并构建了劳动力转移补偿模式。

5. 草原生态补偿的相关研究

（1）草原生态补偿的必要性。

就我国而言，草原是中国陆地最大的生态系统，具有重要的生态服务价值，既有保护生态安全的作用，也是牧区牧民生活生产的基础。陈佐忠等（2006）提出草原生态补偿是指在利用与开发草原资源过程中，草原使用人或受益人对草原资源的所有者或草原生态环境的保护者支付相应的费用，草原生态补偿的目的是支持与鼓励草原地区更多地承担保护草原生态环境的责任，而不是主要为经济发展作贡献。他们还指出草原生态环境价值补偿的基本原则："污染者付费、开发者保护，破坏者恢复、谁受益谁补偿和公平、公正原则，王欧（2006）以内蒙古翁牛特旗退牧还草项目为例进行了实证分

① 说明：凡计量单位，本书原则上采用法定单位，如公顷。个别如"亩"等现实通行、民众亦认可者，遵从习惯而未换算成法定单位使用。

析，制定出草场补偿标准并提出建立健全退牧还草地区生态补偿机制的措施与建议。侯向阳等（2008）基于生态文明要求视角，从草原资源的可持续利用、区域均衡发展、农牧民增收等方面论证了草原生态补偿的重要性。程秀丽（2008）从转变牧区发展战略，建设小康社会和新牧区的背景下，从理论和实践两个层面论证了建立草原生态补偿机制的必要性。胡勇（2009）通过分析草原的生态屏障功能及严重退化的现状，研究了草原生态补偿目前存在的问题，提出构建草原生态补偿机制的设想。张志民等（2007）从研究草原的生态经济服务价值和草原退化现状出发，提出了建立草原生态补偿机制的必要性，并在此基础上提出草原生态补偿的理论依据、原则和相应的政策建议。

（2）草原生态补偿的实施内容。

在草原生态补偿实施内容研究上，巩芳等（2011）采用条件价值评估法（CVM）分别对草原生态补偿主体和受偿主体的支付意愿、受偿意愿进行了评价评估，提出内蒙古草原生态补偿标准应基于直接成本、机会成本和草原生态服务功能价值三个方面进行确定，研究结果表明内蒙古地区居民对草原生态补偿的支付意愿是 23.10 元/hm^2/年，而草原牧区牧民的受偿意愿则是 1 944.75 元/hm^2/年，补偿主体的支付意愿远远小于受偿主体的受偿意愿。同时，作者根据内蒙古的发展阶段系数确定了补助标准的修正系数，对内蒙古草原的生态补偿进行了动态调整。李玉新等（2014）以内蒙古四子王旗为例，通过建立多元有序 Logistic 回归分析研究牧民对草原生态补偿政策评价及影响因素，研究结果表明影响牧民总体满意度的显著因素主要有民族、补贴金额、草料支出、对补偿标准以及对发放是否及时的主观评价。胡振通等（2017）提出一个分析草原生态补偿减畜和补偿对等关系的框架，然后以内蒙古四子王旗查干补力格苏木为例，对草原生态补偿减畜和补偿的对等关系进行了实证分析，实证分析结果表明实际的超载率与统计的超载率相比被低估了，补偿在区域总量上也不是足够的。崔亚楠等（2017）通过对西藏 3 类地区的农、牧家庭进行问卷调查发现草原生态保护补助奖励机制的政策福利存在地域间的不均衡性，纯牧区家庭享有更多经济福利。王丹等（2018）以内蒙古的呼伦贝尔市、锡林郭勒盟、乌兰察布市和包头市为例，探讨了草原生态保护补助奖励政策对牧户非农就业的影响，结果表明补奖政策对多数牧户的非农就业和收入起促进的作用，但没有显著改变牧户以畜牧生产为主的生计方式。王丽佳等（2017）研究了牧户对草地生态补偿政策实施的满意度及其影响因素。张新华等（2017）利用草原生态补偿政策实施效应评价指标体系评价了新疆草原生态补偿政策的实施效果，并运用层次分析法、熵值法以及模糊综合评价等方法，探究了该政策产出的生态效应、经济效应与社会效应三者之间的协调度。戴微著等（2018）利用对内蒙古锡林郭勒盟调研获取的资料，对第一轮草原生态补奖政策实施效果进行评价，并分析了其影响因素。

（3）草原生态补偿实施存在的问题。

曹叶军等（2010）认为当前草原生态补偿存在诸多不可持续的问题，主要表现在政策的短视性、措施的盲目性、标准的随意性和效果的反复性方面，其主要原因在于缺乏长远的规划、理论研究滞后于实践以及政策执行的动力不足；巩芳等（2010）认为草原生态补偿机制现存的主要矛盾是保护草原的长久性和政策短期性、投入力度和实际需求的不匹配以及低补偿和高成本的不对等。叶晗（2014）以内蒙古京津风沙源和退牧还草工程为研究对象，发现工程实施后生态效益和经济社会效益有了明显改善，但是工程在实施过程中存在补偿标准偏低、补偿范围偏小、投入力度偏弱、补偿主体过于单一、监督管理不完善等诸多问题。胡振通等（2016）认为，目前草原生态补奖政策监管力度较弱，而弱监管会在一定程度上限制草原生态补偿生态目标的实现，草原生态补偿标准偏低、违约成本太低和实际监管概率偏低是导致弱监管的根源所在。

| 第 2 章 |

能值理论综述

从能值研究热点看，2000 年以前能值以基本概念和理论研究为主，关键词集中在能值、能值分析、系统、能值转换率等；2000 年以后，能值概念和理论研究进一步深化，研究范围进一步扩展，除了基本概念和理论的研究，关键词中出现了生态足迹、指标、可持续性、生态安全等。从学科分布看，能值研究主要是集中在环境科学、生态学、环境工程等学科。国外研究成果中，布朗、尤格亚蒂、奥杜姆、卡姆贝尔、莱弗里、里德伯格（Brown，Ulgiati，Odum，Campbell，Lefroy & Rydberg）等早期学者的成果奠定了能值研究的基础，确立了能值研究的基本框架和研究方法；国内研究成果中，蓝盛芳、钦佩、李双成、陆宏芳、隋春花、严茂超等学者在将能值理论、方法与中国实践结合方面起到了先锋作用。

2.1 国外能值理论综述

2.1.1 能值理论的提出

人类经济系统和自然系统之间从来都不是各自独立存在的，人类社会的发展必须依赖自然界，必须建立在对自然的适度开发利用的基础上，既保证经济的发展又不对自然环境造成损害。要把握“适度”的概念和界限，就必须明晰人类社会与自然系统之间的关系，经济学家用货币来表示资源利用和人类活动，以货币来衡量财富，但却忽略了自然的作用和贡献。在能值分析方法出现之前，人们应用能量为共同尺度，对各种资源和能量进行研究。洛克塔（Lokta）在对能量进行研究的过程中，提出了“最大功率原理”，为后世的能值研究奠定了理论基础；西蒙（Simone）运用能值分析方法对环境核算中存在的问题进行了分析；1926～1942 年，特兰塞奥、伊顿、克雷伯、朱代、林德曼（Transeau，Elton，Kleiber，Juday & Lindeman）等对各种群落的能量动态进行了分析，提出了“能量积累”“食物链”“生态金字塔”“能量代谢”“能量收支”以及“十分之一定律”等概念和术语，这些概念和术语，特别是“十分之一定律”为生态系统能量流动的研究起了重要的推动作用。

20 世纪 50 年代开始，学者们利用能量分析对自然界进行了更为深入和系统的研究，奥杜姆分析了佛罗里达州银泉、太平洋南部的埃尼威托克环礁、加尔维斯顿湾、得克萨斯和波多黎各的热带雨林各种生态系统中的能量流，从不同的尺度观察不同形式的能量。经过 20 多年研究，奥杜姆在能量研究的基础上，首次提出了“能值”（emergy）的概念，创立了能值理论和分析方法，并对能值方法的应用做了详细的介绍，提出了能量系统（energy system）、能质（energy quality）、能值（emergy）、包被能（embodiedenergy）、太阳能值转换率（solar transfomity）等一系列能值分析的基本概念，构建了理论和方法的基本框架。布朗、尤格亚蒂、西蒙（Brown，Ulgiati & Simone）在奥杜姆的研究基础上，将能值理论的应用进行了进一步的扩展，对地球生物圈中的各种系统进行了能值分析和评价，设计了一系列能值指标来评价自然资源的可持续性，提出能值可以作为衡量系统组织化水平的工具的观点。

上述学者不断地完善和发展了能值理论、分析方法以及分析标准，为理论研究者及政策制定者在进行环境和经济评估时提供了一个有效的分析工具。

2.1.2 能值理论的深化和应用

20 世纪 90 年代后期，能值分析研究逐渐开始深入和具体，研究对象涉及环境和经济社会的各个方面。尤格亚蒂分析了意大利的能值状况。斯乌巴

(Sciubba) 对能值分析方法和各分析方法之间的关系进行了分析。多赫蒂 (Doherty) 运用能值理论分析了巴布新亚几内亚的发展前景、可持续性以及公共政策的选择。布朗利用能值方法对泰国的环境与经济发展状况和湄公河大坝的生态影响进行了分析。卡普贝尔对西弗吉尼亚的发展水平进行了能值核算。布朗对经济市场、电力生产系统、建筑材料的生命周期、废物处理和回收系统以及物质循环的评价指标等问题进行了能值分析。

布兰德特—威廉姆斯 (Brandt - Williams) 对佛罗里达的农业发展情况进行了研究，指出了制约当地农业发展的环境因素。布拉纳卡恩和梅劳德 (Buranakarn & Meillaud) 运用能值理论和方法评估了建筑材料的循环和再利用的情况。卡瓦莱特 (Cavalett) 对巴西南部的一个小型农场的谷物 - 猪 - 鱼的一个集成的生产系统进行能值分析，并将分析结果与单独的谷物生产、猪、鱼的养殖进行比较，认为一个集成的生产系统具有更高的能值效率，更具有可持续性，而且对环境的压力更小。尤格亚蒂对城市电力生产系统的可持续发展进行了分析。库德拉和瑞德伯格 (Cuadra & Rydberg) 等对尼加拉瓜的咖啡的种植、加工以及出口情况进行了分析，认为咖啡的种植需要大量的劳力的投入，同时也会消耗大量的自然资源，对尼加拉瓜而言，出口加工后的咖啡更为有利，而出口生咖啡豆的价格远低于实际价格，因为没有将劳动力和自然资源环境投入作为成本核算在价格内。罗萨 (Rosa) 等对西西里岛红桔的有机生产和传统生产作出能值评估，认为有机生产方式对于可更新资源使用较多，而对购买的物质和能量使用较少，可持续发展性较强。巴罗斯 (Barros) 运用能值理论分析了瓜德罗普岛的香蕉种植系统，指出该种植系统的可持续发展取决于生产方式的转变，即从物质的高输入型转向自然资源密集型，这一转变将提高整个系统的养分循环以及杂草、病虫害的防治。奥塔维奥 (Otavio) 分析了巴西四种不同的大豆生产系统，并将这些生态系统分为了两类，即生态模式和工业模式，生态模式显示了更好的环境适应性、生态经济效益以及社会效益。西托拉 (Ciotola) 运用能值方法评估了小型能量生产的相对可持续性和环境影响，认为该种方式的能量生产主要依赖可再生能源。内里 (Neri) 等运用能值分析理论和方法对木质生物资源进行了评价。维加—阿扎马尔 (Vega - Azamar) 运用能值分析法评价加拿大蒙特利尔的环境可持续性，提出了能值密度与城市发展之间的关系。

2.2 国内能值理论综述

2.2.1 能值理论的初步发展

早在 80 年代，闻大中等学者就对农业生态能流开始了一系列研究，总结了各种生物质的能量或热值、劳力和畜力的能量、输入到农业生态系统中的工业能量、农作物繁殖用种的能量，介绍了能流分析的主要步骤，建立了农业生态系统多样性研究的分类方法，提出了加强多样性的建议，为我国能值分析的发展奠定了理论基础。1990 年，奥杜姆来到中国，在国内做了以“自组织与系统生态学”“能值分析与环境评价”等为主题的多个学术报告。1992 年，蓝盛芳等详细介绍能值理论的内涵、方法及指标构建，分析了能值分析和能量分析的特点及二者之间的关系，指出了能值分析的优势。隋春花等对奥杜姆的理论进行了进一步的介绍和引申，为环境评价提供了新的研究工具。此后，能值理论迅速被学术界接受，被各种生态学、生态经济学以及农业生态学的教材进行专章介绍。

2.2.2 能值理论、方法和指标的完善

2000 年以后，能值理论、方法和指标得到了进一步的完善。李寒娥等对奥杜姆的能值理论在中国的传播及发展进行了概括和总结，梳理了中国的能值研究进展情况。陆宏芳等对能值理论及应用进行了多角度分析，构建了新的综合评价指标，对农业生态系统和城市生态系统可持续发展进行了评价。蔡博峰等对能值理论在生态系统稳定性中的应用进行了研究，分析了争论的根源，提出划分两种稳定性的分析角度，并利用能值理论度量了生态系统的第二类稳定性。沈善瑞等对能值理论和方法在应用领域上的拓展研究、在理论体系和评估体系方面的优化研究、与景观生态学的交叉研究、与热动力学理论及其度量尺度间的整合、能值流计算方法的探索及能值转换率的统一等

几个前沿领域和命题进行了研究。姚成胜等探讨了能值转化率的计算、多产品或复合产品系统的能值流计算问题、能值价值论与市场价值论结合以及能值与可持续发展研究等问题。

随着能值理论研究的不断深入，学者们将能值理论研究的领域不断扩展，提出了城市生态系统、农业生态系统以及产业生态系统的能值评价方法和指标体系构建。蓝盛芳等探讨了农业生态经济系统中能值方法的运用，并与以往的能量分析进行比较，指出了能值分析的特点和意义。隋春花等介绍了城市生态经济系统能值分析的原理和步骤。张耀辉阐述了能值计算方法在农业生态系统的应用、农业生态系统能值分析指标体系的内容及其对资源环境价值评价和量化的意义。陆宏芳提出了产业生态系统多尺度能值整合评价方法，构建了产业生态系统区域能值分析指标体系。张子龙提出了区域环境承载力的概念，运用能值分析方法，通过将环境支撑能力和环境同化能力转化为与之相等价的土地面积，构建了评价区域环境承载状况的定量分析方法。

2.2.3 能值理论的实证研究

在前述学者理论研究的基础上，随着能值研究领域的不断拓展，指标的不断完善，我国出现了一大批能值研究的应用型成果，研究方法从研究初期的理论模仿应用到结合中国实际产生出新的能值评价标准，研究对象包括不同种类生态经济系统的能值分析。

1. 自然生态经济系统能值研究

目前将能值理论应用于具体的自然生态经济系统已十分普遍，除了研究湿地、森林、草业和流域生态经济系统等多领域，能值理论更多应用于农业生态经济系统的可持续发展评价等。

（1）湿地、自然保护区生态经济系统能值研究。

在自然保护区和生物多样性保护的研究方面，万树文等对盐城自然保护区的两种人工湿地进行了研究。研究认为，为保护生物多样性、实现可持续发展，在核心区的边缘必须建立以招鸟为目的的水禽湖，水禽湖对鱼塘的面积必须在 0.19 到 8.00 之间①。崔丽娟等利用能值分析方法对鄱阳湖湿地进行了研究。钦佩、黄玉山对香港米埔自然保护区进行了能值分析。李雪梅以辽宁省盘锦芦苇湿地为例，对 1968～2008 年间芦苇湿地生态系统演替进行了评价分析。

（2）森林、草业生态经济系统能值研究。

粟娟、蓝盛芳利用能值理论评价了森林生态系统的综合效益。邓波将能值分析理论与方法引入了森林和草业生态经济系统的研究中，并进行了综合效益和可持续性评价。林慧龙等评述了草地农业生态系统的能值分析，提出了能值分析方法在草地农业生态系统推广应用中的一些难点和设想。于遵波等以锡林郭勒草原为例，利用能值理论对草地生态系统的价值进行了评估。张颖应用能值理论，对福建省森林资源系统的能值与价值进行了评估，并从系统的能流、物流、货币流方面对森林资源价值的影响因素进行了分析，提出了相关的对策与建议。齐拓野对宁夏彭阳县退耕还林还草工程中涉及的农田、草地、林地三个子系统进行了能值分析，并根据分析结果对退耕还林还草工程效益进行了综合评价。

（3）高原山脉生态经济系统能值研究。

孙凡、杨松等人以能值理论为基础，以大巴山南坡雪宝山自然生态系统为研究对象，对自然生态系统的经济价值进行了研究。李洪波等以武夷山自然保护区为研究区域，探讨了能值分析在生态旅游系统中的应用。汪晶晶利用能值理论对黄山风景区旅游系统进行了研究，比较分析了景区的承载力，对研究区生态系统服务价值和废弃物能值进行了分析。朱海娟运用能值理论分析了宁夏荒漠化治理工程实施前后生态经济系统投入和产出的变化情况，评价了该地区荒漠化治理的生态经济效应。

（4）水资源生态经济系统能值研究。

陈丹从水的化学能角度提出了天然水资源价值的能值评估方法，并以我国南方某沿海地区为例进行了实际应用，实例表明，基于能值价值理论的天然水资源价值定量评估方法具有可行性。吕翠美从水资源生态经济系统总体的角度出发，引入生态经济学的能值价值理论，对水资源生态经济价值的能

---

① 朱洪光，钦佩，万树文等．江苏海涂两种水生利用模式的能值分析［J］．生态学杂志，2001，20（1）：38－44.

值核算方法进行了系统研究。吕翠美还运用能值分析原理，研究建立了水资源生态经济价值的能值分析框架。

（5）农业生态经济系统能值研究。

我国学者还将能值分析的对象拓展到农业生态经济系统。张耀辉、蓝盛芳等对海南省的农业生态系统进行了能值分析和评估，得出海南省的农业环境压力较小，发展潜力较大的结论。陈东景对黑河流域中游张掖地区农业生态经济系统的投入产出状况进行了能值分析，发现张掖地区的农业发展存在环境负荷不断增加、产出率降低、产品经济成本增加、能值持续性指数下降等许多问题。蓝盛芳、陆宏芳等提出评价系统可持续发展能力的新能值指标（EISD），并将其应用于珠江三角洲基塘农业生态工程建设中。陈敏刚、佩华等对中国蚕桑生态系统进行了能值分析，得出蚕桑产业对自然资源破坏少，环境压力小，确实是我国优良的生态农业的结论。舒帮荣对比江苏省 1996 ~ 2005 年耕地生态经济系统能值评价指标，分析了江苏省耕地生态经济系统的能值投入产出结构及发展变化情况。王焱镤在能值理论分析的基础上，采用修正的生态足迹模型，分析了江苏省稻秸和麦秸的生态足迹盈亏。

2. 工业生态经济系统能值研究

罗玉和等运用能值理论，对生物质发电系统进行了评价，文章选取了我国典型的 5 种生物质发电系统，对各个系统的能值指标进行了计算和横向比较。王小亭等运用能值方法对我国造纸工业进行了分析，文章计算了 2000 ~ 2007 年我国造纸工业的能值，并对其能值的总体结构、进出口能值、能值输入率、环境负荷率、废弃物能值、能值效率进行了逐一分析，在此基础上计算了能值可持续指标。李佳佳对我国工业系统进行了能值核算及分析，文章计算了 2000 ~ 2009 年我国工业系统的能值流量指标、能值来源指标、工业系统评价指标，并据此评价了我国工业系统发展的可持续性。孙玉峰等基于能值理论构建了矿区循环经济系统的生态效率评价指标体系与方法，以山东矿区为例，验证了生态效率评价指标体系与方法的有效性。刘文婧、耿涌等选取我国有色金属采选业为研究案例，并基于能值分析方法，核算了矿产资源开采过程中造成的直接、间接环境损失，提出了生态补偿指数，用以为生态补偿标准的制定提供参考依据。

3. 其他生态经济系统能值研究

钟维琼对全球化石能源贸易格局及其演化进行了定量的系统性分析，并针对主要国家，特别是中国在化石能源国际贸易网络中的地位和角色进行了深入分析，为政策制定者们提供了科学的参考依据。秦传新、董双林等利用能值理论对我国北方刺参养殖池塘的经济收益和环境可持续性进行了分析，发现刺参养殖池塘单位能值投入的收益明显高于鱼类的集约化养殖模式，其可持续性和环境容纳量均较高。

第3章
生态补偿的理论基础

生态补偿机制涉及经济学理论、法学理论、资源与环境学理论、生态学理论和地理学理论，是多学科的交叉领域，因此构建清晰良好的理论框架有利于研究的开展，分析生态补偿的理论基础目的有二：一是明确为什么要对草原资源进行补偿，二是为建立草原生态补偿机制，实施草原生态补奖政策提供理论指导。

3.1 经济学理论基础

3.1.1 公共物品理论

在微观经济学中，社会产品被分为两大类：私人物品和公共物品。最先给公共物品定义的是保罗·萨缪尔森（Paul Samuelson，1954），萨缪尔森指出：公共产品是指每个人对这种产品的消费都不会导致其他人对该产品消费的减少。在该定义中，我们易知公共产品同时具有两种属性即非排他性和非竞争性，相应地私人物品就是不同时具备消费的非排他性和非竞争性，公共物品可以分为纯公共物品和准公共物品，纯公共物品指那些完全同时满足非竞争性与非排他性特征的公共物品，而准公共物品则是指那些不严格同时满足非竞争性与非排他性的公共物品。

由于公共物品具有非竞争性与非排他性特征，无法通过价格信号和市场机制来获得经济回报，因此在它使用过程中无法避免地会产生“公地悲剧”和“搭便车”问题。著名生物学家哈丁（Hardin）对“公地的悲剧”理论进行了详细的论述他认为：所谓“公地的悲剧”是指如果一种资源的所有权没有排他性功能，那么就必然会导致这种资源的过度使用，最终使全体成员的利益受损。作为理性人，牧羊者在个人利益最大化的驱动下，通过尽可能增加牧羊数量来为自己获取更多利益。因此短期内他会因牧羊数量的增加使得收益增多。由于示范效应的影响，其他牧民会选择采取“搭便车”，模仿发起者，加入牧羊这一行列。由于大量羊群无限制疯狂涌入牧场，超过牧场自身畜牧承载力，因此草场退化沙化严重，最终产生公地悲剧。

“搭便车”问题最早是由大卫休谟发现并提出的，他在 1739 年出版的《人性论》中提出：在一个经济社会，如果有公共物品的存在，免费搭车者就不可避免。如果所有社会成员都成为免费搭车者，最终结果是谁也享受不到公共产品。这时，由于公共产品的非排他性，使得人们完全有可能在不付任何代价的情况下享受通过他人的捐献而提供的公共产品的效益，即出现了“搭便车”现象。

公地悲剧是公共物品过度使用的后果，而生态环境作为特殊的公共物品，具有消费的排他性同时通常有竞争性的特征。且生态环境具有外部性，具体体现在如果市场上的企业与个人都以个体利益最大化为最终目标，盲目生产，过度开发，企业向环境排放大量污染与废弃物，置公众利益与生态环境于不顾，最后由于超出环境承载力，最终导致环境污染，并产生了生态环境破坏的负外部性结果。因此为了避免“公地悲剧”和“搭便车”问题的出现，我们必须依靠“看得见的手”建立一种生态补偿制度，通过调节不同利益主体的利益得失，对保护环境而利益受损的人们进行补偿，最终保证全体成员的利益不受损失。

3.1.2 外部性理论

外部性理论是资源与环境经济学的理论基础，该理论是由著名经济学家马歇尔提出并由其弟子庇古整理和完善的，科斯在此基础上进行批判性发展。

外部性的定义。从经济学角度看，外部性（externality）概念是由庇古在 20 世纪 30 年代提出的。受马歇尔的启发，庇古正式提出和建立了外部性理论。一般说来，外部性是指私人收益与社会收益、私人成本与社会成本不一致的现象，换句话说，外部性是指一个经济当事人的行为影响他人的福利，而这种影响并没有通过货币形式或市场机制反映出来。外部性理论的实质其实就是在经济活动中某一主体的行为活动对其他经济主体产生的“非市场性”的附带影响，就好比一只“看不见的手”在价格体系中难以体现，当然外部性的产生也并不在决策者考虑范围之内，最终导致市场失灵、资源配置无效等问题出现。

外部性可以分为正外部性和负外部性，经济正外部性指对市场上其他经济主体带来正面效应，具体来说当行为主体在生产和消费过程中使其他人的收益提高，但他人也不会为此而付费。经济负外部性则是指对市场上其他经济主体带来负面效应，具体来说当行为主体在生产和消费过程中使其他人的生产消费成本上升，效益下降，而行为主体也不为此付费和补偿。

生态环境的外部性问题。生态环境问题正是由外部性所引起，一方面，生态环境具有典型的正外部性，正外部性导致生态环境和自然资源的享用者不付费，自然生态系统能给其他主体带来良好的生态环境，具有明显的正外部性，这个时候，需要给予生态产品生产主体一定的补偿。另一方面，对生态环境的破坏行为具有显著的负外部性，如一些牧民不顾草场承载力盲目放牧，最终导致草场退化，使得当地牧民利益受损。

当前解决生态环境的外部性的方法主要有两种：一种是庇古提出政府干预手段，即通过政府征收税收和实行补贴来解决，另一种则是市场手段，即科斯倡导的通过明确产权来克服外部性问题。庇古认为税收和津贴是解决“外部性”的手段。这样，外部性理论从问题到概念再到解决问题的理论逻辑就得以建构，当社会边际成本与私人边际成本不一致时，市场机制无法解决，出现市场失灵，这时政府可通过实施干预即通过税收与补贴等经济干预手段使边际税率（边际补贴）等于外部边际成本（边际外部收益），使外部性“内部化”。通过税收和补贴政策，使外部性问题“内部化”，实现私人最优与社会最优的一致，这就是“庇占税”方案。庇古手段是生态补偿的理论基础，庇古认为资源不合理开发利用和环境污染的原因在于外部性，需要生态补偿来消除外部性对资源配置的扭曲影响，使外部性生产者的私人成本等于社会成本，从而提高整个社会的福利水平。而科斯认为，庇古所说的外部性问题实质是侵害效应的相互性。他从否定庇古的逻辑起点开始，对外部性理论进行彻底的批判，科斯认为要解决或避免侵害效应，最主要的是赋予和明确侵害的权利，明晰产权后侵害效应就可以通过市场得以解决。科斯对于外部性的解释及解决外部性问题的手段是外部性理论的一个重大发展。科斯解决外部性问题的核心是明晰产权。科斯认为，当各方面能够无成本地讨价还价并对大家有利时，无论产权是如何界定的，最终结果将是有效率的，都可以通过市场交易达到资源的最优配置。也就是说，在产权明晰，交易费用为零的前提下，通过市场机制可以消除外部性。科斯方案在生态补偿实践中得到大量应用，一些发达国家通过明晰自然资源的产权，如森林资源的私有化，有利于这些资源的可持续利用，取得良好效果。而且，许多国家对“科斯定理”在实际应用中进行了创新，创立了排污权交易制度，对于遏制环境污染效果显著。

3.1.3 博弈论

草原生态补偿机制是以保护草原生态环境为目的财政转移支付制度，必然会涉及社会、经济、环境等方面，同时也是相关利益主体进行策略博弈的过程。而博弈论则是可以有效地分析出利益相关者最优策略解。1944 年内乌曼和摩根斯坦（Neumann & Morgenstern）合作出版的《博弈论与经济行为》标志着博弈论的正式诞生，博弈论是研究在利益相互影响的情况下，各利益决策主体所作出的选择，以及某一主体做出的决策对其他主体决策选择影响的一种理论，另外博弈论中基本要素包括：参与主体、获得的信息、选择的策略、得到的收益以及结果和均衡，从博弈论的角度来看，生态补偿是为了走出生态“囚徒困境”的制度安排，草原生态补偿这一博弈的博弈主体分别是牧民和政府，政府的策略选择是“补偿”或者“不补偿”，而牧民的策略选择则是“禁牧”或者“放牧”，通过博弈分析可以得出进行生态环境保护以及环境污染治理是草原牧民和政府博弈并相互协调和妥协的结果，因此需要建立博弈模型来分析利益双方的行为，运用博弈理论分析草原生态补偿中利益相关主体的博弈策略，最终得出生态补偿可以使生态保护的外部性内部化，补偿的标准、方式和补偿期限等是通过双方多次博弈最终达成的结论。博弈论讲究的是一种决策平衡，即将参与者出的策略进行最优组合，只有这样，才能使各方都获得最佳收益。对草原进行生态补偿不仅能够缓解生态压力，还是解决社会公平的一种有效手段。对草原进行生态补偿涉及诸如经济社会、生态以及法律政策等多个方面，是各级政府、企业、当地农牧民等相关利益者的一个相互博弈的过程。对草原进行生态补偿目的就是走出生态“囚徒困境”，从而将外部性矛盾内部化，最终实现博弈双方利益最大化。

3.2 环境正义论

环境正义（environmental justice）也称生态正义（ecology justice）或绿色正义（green justice），这一概念缘起于20世纪50年代美国环境正义运动，该运动推动美国的环境保护事业向前发展。

环境正义是社会公正理论在环境问题上的体现，它强调的是环境权利与义务应当保持一致，即经济主体在享受环境权利的同时应当自觉履行环境义务。环境正义的基本原则就是“谁污染，谁治理”以及“谁受益，谁付费”。生态产品可以为他人提供生态环境服务，这满足了他人的环境权利，他人应该为这种环境受益支付费用并承担义务。

从时间跨度上讲，环境正义包括两方面：一方面是代际公平，而另一方面是代内公平。代际公平是指当代人和后代人在利用自然资源、享受清洁环境、谋求生存与发展上拥有均等权利。其实质是自然资源利益上的代际分配问题，即保证代际在享有资源、环境、机会三方面的公平性。爱迪·维丝（Edith Brown Weiss）教授提出了代际公平的三大原则，首先是保护选择原则，即避免限制后代人选择的权利，使后代人有和前代人相似的可供选择的多样性；其次是保护质量原则，即每一代都应保护地球发展质量，保护地球生态环境水平，保证地球环境在交给下一代时不比前一代交给同代时差；最后是保护机会原则，即对于前代人留下的遗产，每代人都有同样的机会去使用和收益。

代内公平理论。代际公平的基础是代内公平，没有代内公平，代际公平根本无法实现。代内公平是指代内的所有人，不论其国籍、性别、种族以及经济发展水平和文化等方面的差异，对于利用自然资源和享受良好的生态环境方面享有平等的权利，代内公平包括国内公平和国际公平。因此要实现代内公平，既要求同代人在开发与利用本国资源时要权衡本国不同区域不同民族的利益，同时也要考虑到别国的需求，并充分考虑各个国家应当如何分担环境保护责任。

3.3 生态资本理论

生态资本理论认为，生态环境是有价值的，它的价值包括使用价值与价值。生态环境作为一种特殊的资本，其既有资本的自然属性，也有其生态属性。生态资源价值体现的最终结果是生态资本化。生态资本是指自然的生态资本存量和人类在生态环境建设方面的开支所形成资本的总称。生态资本就是生态环境资源的资本化，就是能够带来经济与社会效益的生态资源和生态环境。主要包括四个方面：自然资源总量（可更新的和不可更新的）、环境的自净能力、生态潜力和生态环境质量。自然资源总量是指能直接进入当前社会生产与再生产过程的自然物质；环境的自净能力是指生态环境消耗并转化废物的能力；生态潜力是指自然资源及生态环境的质量变化能力和再生潜力；生态环境质量是指生态系统的水环境质量和大气等各种生态因子为人类生命和社会生产消费所必需的环境资源。而整个生态环境系统就是通过各生态要素对人类社会生存及发展的效用总和体现它的整体价值。随着社会的进步，人类对生存环境质量的要求就越高，生态环境系统的质量就越重要，而生态资本存量的增加对经济发展的作用也日益突出。随着生态产品日益稀缺，人们意识到，不能只向自然索取，而要回馈于自然。所以，建立生态补偿机制就是要给生态投资者建立一种回报机制，激励更多的人为生态投资。

3.4 可持续发展理论

在1987年，《我们共同的未来》这份研究报告中首次对可持续发展做出了科学定义："可持续发展是能够使得当代人的需求被满足，且不危及后代人满足其自身需要能力的基础上的发展。"定义的内容中包含了四项基本原则：即公平性、持续性、协调性和共同性。公平性原则中涵盖了代内和代际公平。代内公平指出在生态环境资源的享有上，同一时代的人们权利是平等的。代际公平指出在利用生态资源进行自身的发展过程中，应该着眼于未来，不仅要顾及当代人的利益，还要顾及后代人利益，不能为了当代人的发展而牺牲、损害后代的利益。协调性原则是指要注重社会、经济和环境三者的协调，不能只注重某一方面，而忽略其他方面，应保持三者相互联系与制约，共同发展。持续性原则是指经济社会发展要具有一定的可持续性，应将眼前利益与长远利益综合起来考虑。共同性原则是指不同国家之间可持续发展的具体模式虽然不同，但要注意相互促进与协调，保持一定的一致性。

我国拥有着异常丰富的草地资源，无节制的开发与使用，不考虑后代人的利益是不可持续的发展。草原生态环境是生态环境中重要的组成部分，将可持续发展理论运用到草原生态补偿制度中，对草原生态环境的开发使用和维护给予了宏观的理论指导。当代人在发展经济的同时必须注意草原资源的保护，通过采取禁牧、休牧、轮牧、生态移民、奖励补助等措施，实现社会经济与生态环境的协调发展。

3.5 资源环境价值理论

对于资源是否有价值的研究具有深刻的意义，如果能够有效地解决资源环境的价值问题，那么便可以引导人们从切身利益出发来关注资源环境的保护。进而可以对资源进行定价，从而可以利用经济等手段有效调节资源环境的开发和使用，实现资源环境可持续利用的目标。三种影响最大的价值理论包括马克思的劳动价值论，萨伊的要素价值论以及市场理论中古典经济学家的供求价值论，这些著名的理论均论证了资源环境有价。依托现有理论，本研究认为草原资源具有价值主要有以下四方面原因：第一，草原资源的存在决定了草原的价值，存在价值论认为，自然资源的存在就是一种价值。此外，草原不仅能够保护地球的生态平衡，同时还具有旅游价值，从而表明草原资源蕴含着巨大的存在价值。第二，草原价值的大小一定程度上取决于它的稀缺性，稀缺程度越高资源价值越大。第三，资源的有用性也决定着自然资源的价值，是否有用以及效用的大小决定了自然资源价值的大小。第四，现代人们所做的选择也是自然资源价值的决定因素，草原资源的选择价值表示的是草原的所有者对现今草原的利用情况以及是否对草原的可持续利用作出努力。

由于草地资源是有价值的，那么在利用时就必须将其自身价值考虑进去。为了使草地资源可持续的开发和利用，对草地资源必须有偿使用，当不合理利用造成生态环境破坏时，需要对造成的破坏进行补偿。在对草地资源进行开发和利用时，应该增加对草原生态环境建设的投入，目的是恢复草原资源创造的价值，弥补由于重建或者损害草地资源所引起的损失。

3.6 生态学原理

生态系统一词是由英国植物学家坦斯雷（A. G. Tansley）于 1936 年最早提出的，它是指在一定的空间内生物的成分和非生物的成分通过物质的循环和能量的流动互相作用、互相依存而构成的一个生态学功能单位。

生态系统的功能主要表现为物质生产、能量流动、物质循环和信息传递。生态系统是一个开放的复杂系统，不断与其周围环境进行能量和物质的交换，从而维持一种高度有序的状态。普里高津（I. Prigogine）于 1969 年提出耗散结构（Dissipative Structure）理论，是指“一个远离平衡的开放系统当外界条件达到某阈值时，量变引起质变，系统通过不断地与外界交换物质和能量，会自动出现一种自组织现象，系统的各子系统会形成一种互相协同的作用，从而可能从原来的无序状态变为一种时间、空间和功能的有序结构”。自然生态系统是一个耗散结构，因为它满足耗散结构的四个条件：（1）必须是一个开放的系统；（2）远离平衡态；（3）非线性相互作用；（4）涨落现象。上述条件是相互紧密联系的，根据这些条件可以把耗散结构概括为：在非平衡条件下产生的，依靠物质、能量、信息的不断输入和输出条件来维持其内部非线性相互作用的有序系统。一个系统达到生态产出最大、功能稳定和生态平衡状况时，就是该系统最高级的生态环境耗散结构。从以上分析可知，自然生态系统是满足耗散结构的条件的。

生态系统受损及其后果。生态系统受损首先表现为其组成和结构发生了退化，导致其功能受损和生态学过程的弱化，引起系统自我维持能力减弱且不稳定。比如，草原生态系统受损表现为草地资源生产力下降、其旅游等休闲、娱乐功能减弱，草原生态系统的稳定性降低等。生态系统受损带来的不良后果包括两个方面：一是可能导致生态平衡失调。生态失调的基本标志可以从生态系统的结构和功能两方面表现出来。结构方面的失调是指生态系统出现了缺失和变异。如，草原过度放牧导致牧草种类减少，最终可能使草原发生变异，变成荒漠。功能失调主要是指能量在不同层级间转换受阻，导致生态系统某些生态功能减弱或丧失。例如，开垦草原导致草原生态系统部分丧失水土保持功能。二是生态危机。所谓“生态危机”，主要是指人类在经济活动中对地球生态系统中的物质和能量的不合理开发、利用和改造，在全球规模或局部区域导致生态系统的功能和结构严重受损，甚至走向崩溃，从而给人类自身的生存和发展带来灾难性危害的现象。生态危机的核心包含两方面的内容：其一是自然生态环境本身严重异化，并已直接危及生态系统自身的结构和功能；其二是这种生态问题已经严重超过了社会和人类的承载能力，从而威胁到人类的生存和发展。生态平衡失调在初期不容易被人们察觉，一旦发展到出现生态危机就很难在短期内恢复平衡，甚至根本不可能再恢复平衡。

3.7 地理学人地关系理论

许多学科都在把人地关系作为研究对象，地理学主要是从地域系统的视角研究人地关系中地域系统的优化调控问题。人地关系理论是人文地理学的理论基础，着重探讨人类活动与地理环境之间的相互关系，人地关系是指人类活动与地理环境的关系，人地系统是以地球表面一定地域为基础的人地关系系统，即人与地在特定的地域中通过相互联系、相互作用而形成的一种动态结构系统。因此，人地系统是人类活动和地理环境相互作用、相互融合、相互统一的一个“人类—社会—自然环境”综合体。随着世界人口增多、人类社会经济和科技的不断发展，尤其是工业化进程的不断加快，人类对自然资源的需求迅速增加，生态破坏和环境污染日益严重，人地关系的矛盾日趋尖锐，在这种全球性资源环境危机的大背景下，人地协调论应运而生。人地关系协调理论就是探讨人地关系的协同机制，寻求一条人类社会发展与环境协调的途径。具有代表性的人地关系协调理论是毛汉英 1995 年在《人地系统与区域持续发展研究》一书中提出的人地关系理论。毛汉英认为人地关系理论是区域持续发展的理论基础，人类必须自觉地调控经济社会系统各要素的发展，使经济社会系统总体发展与资源环境容量相适应。人地关系地域系统理论要求特定区域的人口、资源、环境和经济社会发展之间要保持经常性动态协调关系，简称为 PRED 协调发展。人地关系协调理论与可持续发展思想相贴近，所以，也有学者将其作为可持续发展的理论基础。

从对人地关系理论的研究我们可以得出如下结论：人类要发展，社会要进步，必然要对自然生态环境系统进行开发利用和索取，但要使人地关系协调发展，人类社会必须适时对生态环境给予补偿，才能实现人口、资源、环境和经济社会的协调发展。因此，地理学的人地关系理论不仅是生态补偿的理论依据，而且基于地理学的人地关系研究范式为生态补偿研究提供了新的视角，同时，生态补偿也是协调人地关系和谐的重要途径。

第 4 章
草原生态补奖的实践

4.1 京津风沙源治理工程

2000 年，由于我国华北地区尤其是京津等地接连出现沙尘暴天气，因此为了有效地治理风沙危害，当年 6 月我国紧急启动了京津风沙源治理工程，该项目国家总投资为 99 亿元，其中，草原建设资金为 23.18 亿元。该工程通过采取多种生物措施和工程措施，有力遏制了京津及周边地区土地沙化的扩展趋势。以内蒙古自治区为例，该工程从 2000 年底着手启动试点工作，工程区从东至西分别是内蒙古的阿鲁科尔沁旗和内蒙古的达茂旗，由南到北分别是山西省代县和内蒙古的东乌珠穆沁旗，该工程涵盖省份较多，包括京、津、冀、晋及蒙等 5 个省区市，具体涉及多达 75 个县（旗）。总涉及人口达到 1 958 万人，面积达 45.8 万 km^2，这里面包括沙化土地面积 10.12 万 km^2。2001 ~ 2010 年，内蒙古地区启动了京津风沙源治理的第一期工程。[①] 具体情况见表 4 - 1。

① 注：本章没有特别注明来源的数据是根据各年《内蒙古草原监测报告》整理所得。

表 4－1　　内蒙古京津风沙源治理工程一期情况

实施年份	实施范围	草原治理投资	用途	工程区面积
2001～2010	赤峰市、乌兰察布市、锡林郭勒盟、包头市和二连浩特市 37 个旗县区	20 亿元	人工种草、围栏封育、飞播牧草、暖棚建设、机械购置等	36.9 万 km^2

截至 2011 年，内蒙古自治区累计完成的治理成果如表 4－2 所示：

表 4－2　　内蒙古风沙源治理工程一期治理成果

草地治理建设面积	暖棚建设面积	饲料机械购置	完成计划任务率
9 504.34 万亩	514.04 万 m^2	59 880 台套	100%

如表 4－3 所示，2018 年对 204 个旗县京津风沙源治理工程区进行监测，结果显示：工程区植被高度、盖度、产量分别为 17.2cm、55.38%、67.12 公斤/亩（干草），工程区外植被高度、盖度、产量分别为 14.7cm、40.32%、53.44 公斤/亩（干草），较工程区外分别提高 17.01%、37.35%、25.6%。

表 4－3　　京津风沙治理工程 2018 年工程区与非工程区对比

监测区域	盖度（%）	高度（cm）	牧草产量（公斤/亩）
工程区	55.38	17.2	67.12
非工程区	40.32	14.7	53.44
对比值	15.06	2.5	13.68

虽然京津风沙源治理工程在一期的建设过程中已经实现了一定效果，但工程区内的生态环境仍然令人担忧，局部地区生态恶化仍然十分严峻。为了扭转这种不利局面，党中央及国务院下令在 2013～2022 年启动第二期京津风沙源治理工程，总投资达 877.92 亿元，在此当中，中央投入 50 亿元主要用来对草原进行生态治理。

4.2 退牧还草工程

2000年10月，中共十五届五中全会通过《中共中央关于制定国民经济和社会发展第十个五年计划的建议》，建议中将实施西部大开发、促进地区间协调发展作为一项重要的战略任务。加快西部地区开发，必须要加强生态环境的保护建设投入力度，其中包括对天然林资源实施保护工程，绿化荒山荒地，对坡耕地逐步退耕还林等。已实施的退耕还林工程取得了显著的生态效益，国家在面对草原生态的不断恶化趋势时，相继提出了退牧还草工程，该项目是继退耕还林工程后，我国在生态建设方面做出的又一重大战略举措。

2002年9月国务院发布了《关于加强草原保护与建设的若干意见》，正式提出建立基本草地保护制度、实行草畜平衡制度及推行划区轮牧、休牧和禁牧制度，2003年3月，国务院西部开发办、国家计委、农业部、财政部、国家粮食局联合下发了《关于下达2003年退牧还草任务的通知》，退牧还草工程正式全面启动，要求从2003年起用五年时间在蒙甘宁西部荒漠草原、新疆北部退化草原、内蒙古东部退化草原和青藏高原东部江河草原，集中治理10亿亩草原，约占西部地区发生严重退化草原总面积的40%，争取在五年内使工程区内退化的草原基本得到恢复，一期工程2010年底到期，中央财政累计投入基本建设资金135亿元，建设草原围栏任务为7.78亿亩。

2003年退牧还草任务一亿亩，其中内蒙古自治区占总任务的66.45%①，涉及呼伦贝尔市、兴安盟、通辽市、巴彦淖尔市、鄂尔多斯市、阿拉善盟和呼市7个盟市36个旗县（区）。同时，内蒙古在国家政策的引导下，启动了地方退牧还草工程，力求加快内蒙古草原生态环境的修复。内蒙古第一期退牧还草工程实施期限为2003～2010年，第二期工程期限为2011～2015年。第一期国家共下达给内蒙古自治区退牧还草工程建设任务1 449.3万hm^2，草地补播333.33万hm^2；第二期国家共下达内蒙古退牧还草工程围栏建设任务358.67万hm^2，补播110.93万hm^2，人工饲草地20.7万hm^2，棚圈建设

---

① 叶晗，朱立志．内蒙古牧区草地生态补偿实践评析［J］．草业科学，2014（08）：1587－1596.

58 000 户。工程实施项目主要包括三类：一是对重度退化草原实行全年休牧；二是对中度退化的草原实行半年禁牧，时间一般为每年的 3 月 1 日至 9 月 1 日；三是对轻度退化草原实行季节性禁牧，时间一般为每年 4 月 1 日至 7 月 1 日。在工程实施期，国家对工程区域的牧民给予饲料粮和资金补助。其中，实行全年休牧的草原每年每公顷补贴饲料粮 165 斤，实行季节性休牧的草原每年每公顷补贴饲料粮 41.25 斤。同时，为了确保牧区真正执行禁牧休牧制度，给予牧户每年每公顷 247.5 元的围栏建设费用补贴，实行围栏封育。第一期工程完工后，内蒙古共完成退牧还草任务 0.17 亿 hm^2，占全区草原总面积的 22.7%，其中轮牧面积 40.7 万 hm^2，禁牧面积 723.5 万 hm^2，休牧面积 863.2 万 hm^2，补播面积 72.5 万 hm^2。退牧还草工程的实施在促进内蒙古草原生态恢复、草原畜牧业生产方式转变、带动工程区社会经济发展等方面发挥了重要的作用，但从 2011 年起，国家不再安排饲料粮补助，将饲料粮补助改为草原生态保护补助奖励政策，退牧还草工程则集中用于治理和恢复退化草原以及建设人工饲草地、舍饲棚圈等配套基础设施，以推动传统畜牧业向现代牧业转变。

2018 年，退牧还草工程中央投资 20 亿元，实施范围包括呼伦贝尔市、兴安盟、通辽市、阿拉善盟，安排草原围栏建设任务 273 万亩、休牧 207 万亩、划区轮牧 66 万亩、补播 75 万亩、毒害草治理 16 万亩、人工饲草地建设 15 万亩、舍饲棚圈建设 7 175 户、储草棚 3 170 户、青贮窖 1 590 户。2018 年对 143 个旗县退牧还草工程区进行监测，结果显示（见表 4－4）：工程区植被高度、盖度、产量分别为 25.12cm、70.05%、93.35 公斤/亩（干草），工程区外植被高度、盖度、产量分别为 15.6cm、56.19%、61.27 公斤/亩（干草），较工程区外分别提高 61.03%、24.67%、52.36%。

表 4－4　　内蒙古退牧还草工程 2018 年工程区与非工程区对比

监测区域	盖度（%）	高度（cm）	牧草产量（公斤/亩）
工程区	70.05	25.1	93.35
非工程区	56.19	15.6	61.27
对比值	13.86	4.5	32.08

4.3 草原生态保护补助奖励政策

4.3.1 政策法规

2011年6月1日国务院发布的《关于促进牧区又好又快发展的若干意见》确立了中国牧区发展实行“生态有机结合、生态优先”的基本方针。

在“生态优先”的牧区发展战略指导下，国家从2011年开始实施草原生态补奖政策。2010年10月财政部和农业部向国务院提交了《关于建立草原生态保护补助奖励政策》的请示，2010年10月12日国务院128次常务会议决定，从2011年起连续5年，中央财政将每年安排资金136亿元，在内蒙古、新疆、西藏、青海、四川、甘肃、宁夏和云南8个主要草原牧区省区，全面建立草原生态补奖机制，上述8个省区一共涉及2.5亿hm^2草原，占中国草原面积80%以上。

2011年中央财政安排草原生态保护补助奖励资金136亿元；2012年中央财政进一步加大投入力度，安排资金150亿元，将政策实施范围扩大到河北等5省的36个牧区半牧区县；2013年中央财政安排草原生态保护补助奖励资金159.75亿元。

草原生态补奖政策内容和补偿标准是：

一是禁牧补助。对生态环境非常恶劣、草场严重退化、不宜放牧的草原，实行禁牧封育，中央财政按照每年每亩6元①的测算标准对禁牧牧民给予禁牧补助。5年一个周期，禁牧期满后，根据草场生态功能恢复情况，继续实施禁牧或者转入草畜平衡、合理利用。

二是草畜平衡奖励。对禁牧区域以外的可利用草原实施草畜平衡。根据草原载畜能力，科学确定草畜平衡点，合理核定载畜量。中央财政按照每年每亩1.5元的测算标准，对未超载的牧民给予草畜平衡奖励。牧民在草畜平

---

① 1亩=0.0667hm^2。

衡的基础上，实施季节性休牧和划区轮牧。持续实施草畜平衡奖励，直至形成草原合理利用的长效机制。

三是牧民生产性补贴。包括三个方面：（1）实施牧草良种补贴。为提高牧民种植人工牧草积极性，鼓励有条件的地方开展人工牧草种植，增强饲草料补充供应能力，中央财政按照每年每亩 10 元的标准，实施人工种植牧草良种补贴。（2）实施牧民生产资料综合补贴。对已承包草原并实施禁牧或草畜平衡，从事草原畜牧业生产的牧户，按照每年每户补贴 500 元的标准，对牧民生产所用柴油、饲草料等生产资料给予补贴。（3）增加牧区畜牧良种补贴品种。为鼓励牧民转变传统生产方式，提高经营效益，中央财政在对肉牛和绵羊进行良种补贴的基础上，进一步扩大政策覆盖范围，将牦牛和山羊纳入补贴范围。

2012 年 1 月，财政部、农业部印发了《中央财政草原生态保护补助奖励资金管理暂行办法》，明确了草原生态补奖资金的概念、机制等内容。草原生态补奖资金是指为加强草原生态保护、转变畜牧业发展方式、促进牧民持续增收、维护国家生态安全，中央财政设立的专项资金，包括禁牧补助、草畜平衡奖励、牧草良种补贴、牧民生产资料综合补贴和绩效考核奖励资金。草原生态补奖资金发放的工作机制，是由财政部门负责安排补奖资金预算，会同农牧部门制定资金分配方案，拨付和发放资金，监督检查资金使用管理情况，组织开展绩效考评等。农牧部门负责组织实施管理，会同财政部门编制实施方案，完善草原承包，划定禁牧和草畜平衡区域，核定补助奖励面积和受益牧户，落实禁牧和草畜平衡责任，开展草原生态监测和监督管理，监管实施过程，提出绩效考核意见等。此外，《中央财政草原生态保护补助奖励资金管理暂行办法》还对补助奖励范围与标准、资金拨付与发放、资金管理与监督等做出了具体规定，使草原生态保护补助奖励政策向草原生态补偿法律制度的方向走出了一大步。财政部要求地方各级财政部门要设立补助奖励资金专账，实行分项核算，确保专款专用。在有农村金融网点的地方，补助奖励资金采用“一卡通”发放到牧户，无网点的地方采取现金方式直接发放到户。

2012 年 11 月，为加强中央财政草原生态保护补助奖励资金和项目管理，建立健全激励和约束机制，确保草原生态保护补助奖励各项政策落到实处，

续表

政策与法规	颁布机关	颁布时间
《关于 2011 年草原生态保护补助奖励政策实施的指导意见》	农业部、财政部	2011. 06. 13
《关于做好建立草原生态保护补助奖励政策前期工作的通知》	财政部、农业部	2010. 12. 31

注：参考胡振通的研究成果。

4.3.2 实施方案

为贯彻国务院发布的《关于促进牧区又好又快发展的若干意见》，全面落实草原生态保护补助奖励政策，根据农业部、财政部《2011 年草原生态保护补助奖励政策实施指导意见》，全国 8 个主要草原牧区省（区）均制定了各自的《草原生态保护补助奖励政策实施方案》，如表 4 –6 所示。

表 4 –6　八个主要草原牧区省（区）草原生态保护补助奖励政策实施方案一览

政策与法规	颁布机关	颁布时间
《内蒙古自治区人民政府办公厅关于印发草原生态保护补助奖励政策实施方案的通知》	内蒙古自治区人民政府办公厅	2011. 05. 23
《甘肃省人民政府办公厅关于印发甘肃省落实草原生态保护补助奖励政策政策实施方案的通知》	甘肃省人民政府办公厅	2011. 09. 27
《青海省人民政府办公厅关于印发青海省草原生态保护补助奖励政策实施意见（试行）的通知》	青海省人民政府办公厅	2011. 09. 28
《宁夏回族自治区人民政府办公厅转发关于建立和落实草原生态保护补助奖励政策实施方案的通知》	宁夏回族自治区人民政府办公厅	2011. 09. 13
《四川省人民政府办公厅关于印发四川省 2011 年草原生态保护补助奖励政策政策实施意见的通知》	四川省人民政府办公厅	2011. 08. 17

续表

政策与法规	颁布机关	颁布时间
《西藏自治区人民政府办公厅关于印发西藏自治区建立草原生态保护补助奖励政策 2011 年度实施方案的通知》	西藏自治区人民政府办公厅	2011. 07. 29
《新疆落实草原生态保护补助奖励政策实施方案》	—	—
《云南省农业厅关于下发草原生态保护补助奖励政策工作方案的通知》	云南省农业厅	—

4.3.3 面积和金额

根据 8 个主要草原牧区省（区）的《草原生态保护补助奖励政策实施方案》的介绍，各个省区相应的草原生态补偿的面积和金额如表 4－7 所示。在 8 个主要牧区省（区）中，草原补奖总面积 37. 82 亿亩，其中禁牧 11. 97 亿亩，草畜平衡 25. 85 亿亩，草畜平衡面积占到了 68. 34%，禁牧面积占到了 31. 66%。仅包括禁牧补助和草畜平衡奖励的草原补奖金额为 110. 61 亿元/年，占到了草原补奖总金额的 81. 3%，其中禁牧补助 71. 85 亿元/年，草畜平衡奖励 38. 77 亿元/年，草畜平衡奖励金额占到了 35. 05%，禁牧补助金额占到了额 64. 95%。

表 4－7　8 个主要草原牧区省（区）草原生态补偿面积与金额一览

地区	草原补奖总面积（亿亩）	禁牧（亿亩）	草畜平衡（亿亩）	草原补奖金额（亿元/年）	禁牧补助（亿元/年）	草畜平衡奖励（亿元/年）
内蒙古	10. 20	4. 43	5. 77	35. 24	26. 58	8. 66
甘肃	2. 41	1. 00	1. 41	8. 12	6. 00	2. 12
宁夏	0. 36	0. 36	0. 00	2. 13	2. 13	0. 00
新疆	6. 90	1. 52	5. 39	17. 17	9. 09	8. 08
西藏	10. 36	1. 29	9. 07	21. 37	7. 76	13. 61

续表

地区	草原补奖总面积（亿亩）	禁牧（亿亩）	草畜平衡（亿亩）	草原补奖金额（亿元/年）	禁牧补助（亿元/年）	草畜平衡奖励（亿元/年）
青海	4.74	2.45	2.29	18.14	14.70	3.44
四川	2.12	0.70	1.42	6.33	4.20	2.13
云南	0.73	0.23	0.50	2.13	1.38	0.75
总计	37.82	11.97	25.85	110.61	71.85	38.77

资料来源：八个主要草原牧区省（区）的《草原生态保护补助奖励实施方案》和部分省（区）的《草原生态保护补助奖励资金管理实施细则》。

4.3.4 补奖标准

草原生态补奖的国家标准为禁牧补助 6 元/亩，草畜平衡奖励 1.5 元/亩，各省（区）可参照国家标准，科学合理地确定适合本省（区）实际情况的具体标准。在 8 个主要草原牧区省（区）中，除了西藏自治区、云南省、四川省三个省（区）采取了与国家标准一致的草原生态补偿标准外，其余 5 个省（区）均实行了差别化的草原生态补偿标准，如表 4-8 所示。

表 4-8　8 个主要草原牧区省（区）实施的差别化草原生态补偿标准一览

地区	草原生态补偿标准的差别化
内蒙古	以全区亩平均载畜能力为标准亩，内蒙古自治区年平均饲养一个羊单位所需 40 亩天然草原作为一个“标准亩”，测算各盟市标准亩系数，自治区按照标准亩系数分配各盟市补奖资金。例如，陈巴尔虎旗的标准亩系数为 1.59，则陈巴尔虎旗的禁牧补助为 9.54 元/亩，草畜平衡奖励为 2.385 元/亩
甘肃	实施了三个区域的标准，分别是：青藏高原区（禁牧补助 20 元/亩，草畜平衡奖励 2.18 元/亩）、西部荒漠区（禁牧补助 2.2 元/亩，草畜平衡奖励 1 元/亩）、黄土高原区（禁牧补助 2.95 元/亩，草畜平衡奖励 1.5 元/亩）
宁夏	宁夏全区禁牧，实行一刀切的禁牧补助标准 6 元/亩。但每户最大补助面积为 3 000 亩，超过 3 000 亩的补助结余资金要补给该县（市、区）草场承包面积小的牧户

续表

地区	草原生态补偿标准的差别化
新疆	根据草原类型确定了差别化的禁牧补助标准，荒漠类草原和退牧还草工程区禁牧补助5.5元/亩；水源涵养区禁牧补助50元/亩。草畜平衡奖励统一为1.5元/亩，与国家标准一致
西藏	禁牧补助6元/亩，草畜平衡奖励1.5元/亩，均与国家标准一致
青海	以青海省年平均饲养一个羊单位所需26.73亩天然草原作为一个“标准亩”，测算各州的标准亩系数。各州禁牧补助测算标准为：果洛、玉树州5元/亩，海南、海北州10元/亩，黄南州14元/亩，海西州3元/亩。草畜平衡奖励各州统一为1.5元/亩，与国家标准一致
四川	禁牧补助6元/亩，草畜平衡奖励1.5元/亩，均与国家标准一致
云南	禁牧补助6元/亩，草畜平衡奖励1.5元/亩，均与国家标准一致

注：现行标准源于2016年各省（区）《草原生态保护补助奖励政策实施方案》或《草原生态保护补助奖励资金管理实施细则》。

4.3.5 实施现状

草原生态保护补助奖励政策自2010年10月提出，2011年开始实施。第一轮（2011～2015年）草原补奖政策实施期已经完成，第二轮政策的实施于2016年3月发布通知，同样为5年一个周期（2016～2020年）。草原补奖政策是我国自1949年以来在草原牧区实施的投入规模最大、覆盖面最广、牧民受益最多的一项政策，是我国目前最重要的草原生态补偿机制。两轮草原补奖政策具体实施内容及标准如下：

2010年10月，国务院第128次常务会议决定，从2011年起连续五年，在内蒙古、新疆、西藏、青海、四川、甘肃、宁夏和云南8个主要草原牧区省（区）以及新疆生产建设兵团（以下统称“8省区”），全面建立草原生态保护补助奖励政策。2012年又将政策实施范围扩大到河北、山西、辽宁、吉林、黑龙江5个省和黑龙江农垦总局（以下统称“5省”），政策共覆盖了全国268个牧区半牧区县。中央财政每年投入136亿元（2015年增加到166.49亿元）用于草原生态保护补助，截至完成第一轮草原补奖政策中央财政五年内累计投入资金 769.93 亿元[①][②]。内蒙古纳入补奖范围的草原面积总计有 10.2 亿亩，根据 2011 年《内蒙古草原生态保护补助奖励机制实施方案》中明确指出，以 2010 年内蒙古草原普查数据为依据，凡具有草原承包经营权证或联户经营权证，从事草原畜牧业生产的农牧民、农牧工均可享受禁牧、草畜平衡等补助。内蒙古草原补奖政策的内容和补偿标准在参照国家补偿内容及标准的及基础上，做了相应的调整。2016 年，经国务院批准，新一轮草原补奖政策正式启动，继续促进 13 个省区以及兵团和总局草原生态的稳步恢复。

4.3.6 植被生长情况

本书以内蒙古为例来说明。根据内蒙古自治区农牧业厅公布的《2016 年内蒙古自治区草原监测报告》数据显示，2016 年内蒙古草原总体长势较好，全区草原植被平均盖度为 43.6%，草群平均高度为 20.1cm，天然草原平均每 hm^2 干草单产为 832.5 公斤。相比较草原补奖政策实施前的 2010 年，内蒙古草原盖度增加了 6.1%，天然草原每 hm^2 干草单产增加了 178.5 公斤，但草群的平均高度有所降低，较 2010 年低 4.1cm，内蒙古草原覆盖度近 7 年一直呈持续上升的趋势，产草量增加呈先增后减，但总体高于 2010 年，牧草的高度 2015 年前变化趋势较缓慢，但 2016 年下降程度较大，可能的原因是由于 2016 年进入 6、7 月份，内蒙古主要草原牧区普遍高温少雨，出现不同程度的干旱，牧草高度略有下降。此外，第一轮草原补奖政策实施以后，内蒙古天然草原每平方公里多年生植物种类为 12 种，较政策实施前增加了 7 种，同时，优良牧草所占比重也由 79.8% 提高到 81.1%，草原“三化”面积比 2010 年减少了 671.3 万亩。而且工程区植被生长情况明显好于非工程区，具体情况见表 4－9。

---

① 农业部，财政部．关于做好建立草原生态保护补助奖励机制前期工作的通知［Z］．中华人民共和国农业农村部．

② 农业部办公厅．农业部贯彻落实党中央国务院有关“三农”重点工作实施方案［Z］．中华人民共和国农业农村部．

表 4 - 9　　2010 ~ 2016 年工程区与非工程区草原植被生长对比

年份		2010	2011	2012	2013	2014	2015	2016
高度（cm）	工程区	28. 4	29. 0	39. 6	28. 8	28. 3	26. 7	25. 0
	非工程区	19. 8	20. 1	21. 5	20. 0	19. 9	18. 7	15. 9
盖度（%）	工程区	49. 5	53. 1	58. 9	57. 1	54. 7	53. 2	52. 5
	非工程区	39. 9	41. 4	47. 0	45. 3	42. 9	41. 3	39. 7
产草量（kg/hm^2）	工程区	1 256. 4	1 267. 8	1 366. 2	1 355. 3	1 306. 1	1 287. 3	1 191. 5
	非工程区	859. 1	620. 7	938. 3	944. 9	838. 2	797. 7	741. 8

4. 3. 7　草原生产力情况

2016 年内蒙古全区天然草原牧草生长最高峰时期总产量达 6 854. 68 万 t 干草，每公顷单产 832. 5 公斤。其中，内蒙古 12 盟市中天然草原生产力较 2010 年相比，增长比例最高的是通辽市，增加了 59. 19%；而乌海市天然草原面积较少，加之地处黄河中上游，属于西部干旱、半干旱地区，全年多风少雨，因此，草原生态恢复然条件较差，但在实施了草原生态保护建设工程与政策后，乌海市草原生态环境较 2010 年仍有所改观。各盟市天然草原生产力详细数据见表 4 - 10。

表 4 - 10　　2016 年内蒙古 12 个盟市天然草原牧草产量

地区	草地面积（万 hm^2）	平均单产（Kg/hm^2）	牧草总产量（万 t）	与 2010 年相比（%）
呼伦贝尔	995. 08	1 893. 75	1 884. 43	40. 00
兴安盟	224. 00	1 487. 25	333. 14	20. 11
赤峰	341. 32	1 434. 00	489. 46	53. 54
通辽	472. 98	1 533. 40	734. 72	59. 19
锡林郭勒	1 930. 54	1 057. 65	2 041. 83	52. 3

续表

地区	草地面积 （万 hm^2）	平均单产 （Kg/hm^2）	牧草总产量 （万 t）	与 2010 年 相比（%）
乌兰察布	345.35	515.4	177.99	38.21
呼和浩特	57.37	651.6	37.38	48.16
包头	210.58	552.45	116.33	21.37
乌海	12.8	439.8	5.63	5.40
鄂尔多斯	588.81	847.35	498.93	12.83
巴彦淖尔	532.72	299.7	159.66	15.89
阿拉善	1 787.86	209.85	375.18	17.49

资料来源：《2016 年内蒙古自治区草原监测报告》整理所得。

2016 年，内蒙古全区人工草地种植面积为 232.3 万 hm^2，其中，补播种草面积为 11.4 万 hm^2，人工草地 220.9 万 hm^2。人工草地的种植可以在应对当年极端气候的条件下，为牧区牲畜过冬、减少牧户畜牧业经营成本以及保护草原生态环境做出一定的贡献。人工草地种植类型主要分为两种即多年生牧草和一年生牧草。截止到 2016 年，内蒙古多年生牧草保留面积为 63.0 万 hm^2，一年生牧草保留面积为 145.7 万 hm^2，共产干草 560.1 万 t（多年生牧草产干草 260.1 万 t，一年生牧草产干草 300.0 万 t），青贮 2 725.3 万 t，折合干草 908.4 万 t。相比于 2010 年，内蒙古 2016 年人工草地种植面积下降了 28.1%，这主要是由于人工种草收益比较低，加之补偿标准并不能弥补改变土地用途产生的机会成本，一直以来，农牧民更倾向于种植一些像土豆、玉米等价值较高的经济作物；同时，受到地理、水利条件的限制，种植牧草很容易因遭受自然风险而影响产量，长期以来，种草周期长、投资回报低使得农牧民整体种草积极性较低，影响了人工草地的可持续发展。

第 5 章 草原生态补偿的综合效益分析

本章以内蒙古为例分析草原生态补偿对草原生态环境、牧区经济发展和牧民生产生活产生的影响，从而定量的评价草原生态补偿所产生的生态效益和经济社会效益。

5.1 生态效益

从 2001 年开始，国家相继实施了京津风沙源治理工程和天然退牧还草工程，采取了草原生态保护补助奖励机制以及其他草原保护工作，这些补偿政策使得内蒙古牧区草原生态环境恶化趋势得到有效控制，生态环境在局部地区出现好转迹象，尤其是项目区生态环境恢复工作明显出现改善态势。

5.1.1 京津风沙源治理工程

以 3S 技术为主要手段，对镶黄旗、锡林浩特市、东乌珠穆沁旗的沙源治理项目生态效益进行了重点监测，参照《2015 年内蒙古自治区草原监测报告》最新数据，根据两期 MODIS 数据对比分析结果可以发现：2015 年与建设初期的 2001 年相比，2015 年镶黄旗、锡林浩特市、东乌珠穆沁旗植被平均盖度提高 7.00 ~ 9.00 个百分点，其中，镶黄旗效果最为明显，提高了 9%，从 2001 年的 26% 提高到 2015 年的 35%，其次是锡林浩特市和东乌珠穆沁旗，这两个旗植被盖度均提高 7%。锡林浩特市从 2001 年的 33% 提高到 2015 年的 40%，东乌珠穆沁旗从 2001 年的 45% 提高到 2015 年的 52%（见图 5－1）[①]。

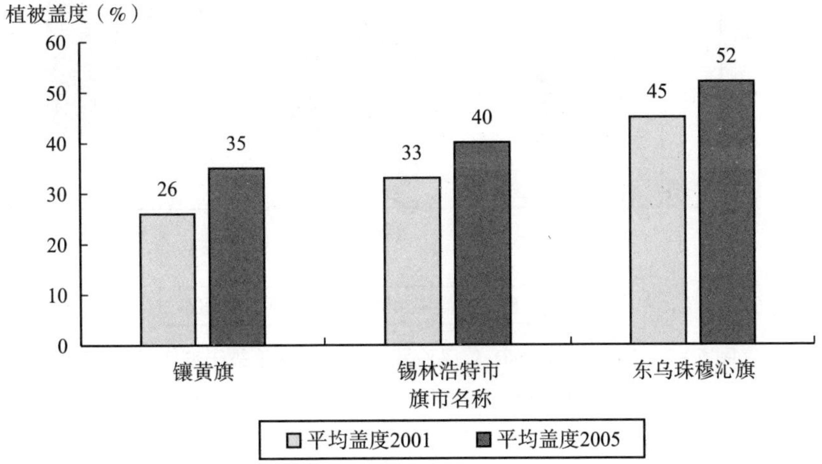

图 5－1　2015 年与 2001 年风沙源治理项目区植被平均盖度对比

资料来源：《2015 年内蒙古自治区草原监测报告》整理所得。

对于干草产量，2015 年与建设初期的 2001 年相比，镶黄旗、锡林浩特市、东乌珠穆沁旗三个旗县的平均干草产量增幅为 26.9～41.2 个百分点。其中，东乌珠穆沁旗增幅度较明显，增长百分比为 41.2%，产量与 2001 年相比，提高了 18.56 公斤/亩；其次是锡林浩特市，增长百分比为 29.5%，与 2001 年相比，提高了 11.21 公斤/亩；再次是镶黄旗，增长百分比为 26.9%，与 2001 年相比提高了 7.49 公斤/亩（见图 5－2）。

项目区的植被平均盖度和干草产量得到了明显改善，除此之外，项目区内明沙面积逐渐减少，根据 2015 年明沙面积监测结果显示，2015 年镶黄旗浑善达克沙地严重沙化草地面积为 3.59 万亩，相比 2001 年的 6.15 万亩减少了 41.6%；2015 年锡林浩特市浑善达克沙地严重沙化草地面积为 7.04 万亩，相比 2001 年的 8.19 万亩减少了 14.1%。2015 年东乌珠穆沁旗达克沙地严重沙化草地面积为 3.76 万亩，相比 2001 年的 6.42 万亩减少了 41.4%（见表 5－1）。

① 注：本章没有特别注明来源的数据是根据各年《内蒙古草原监测报告》整理所得。

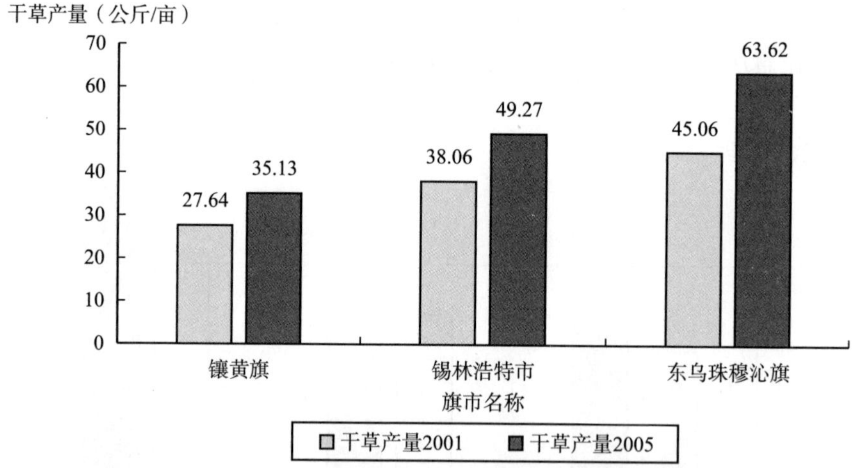

图 5－2　2015 年与 2001 年风沙源治理项目区植被干草产量对比

资料来源：《2015 年内蒙古自治区草原监测报告》整理所得。

表 5－1　2001 年与 2015 年严重沙化草地面积对比　　单位：万亩

沙地	2001 年	2015 年
镶黄旗浑善达克沙地	6. 15	3. 59
锡林浩特市浑善达克沙地	8. 19	7. 04
东乌珠穆沁旗达克沙地	6. 42	3. 76

资料来源：《2015 年内蒙古自治区草原监测报告》整理所得。

5. 1. 2　退牧还草工程

退牧还草工程是一项比较系统的工程。它涉及的面很广，包含退化草地的生态修复、生物多样性的保护还有和谐牧区的建设。随着国家和内蒙古地方退牧还草工程齐头并进的实施，明显改善了内蒙古的草原生态，使得草原生产力得到进一步提高，同时在草原生态与畜牧业之间起到了很好的协调作用。

以《2015 年内蒙古自治区草原监测报告》中监测数据为根据，2015 年工程区与非工程区相比，植被盖度、高度和干草产量分别高出了 11. 90%、8. 08cm 和 32. 64 公斤/亩。具体如表 5－2 所示。

表 5－2　　退牧还草工程 2015 年工程区与非工程区对比

监测区域	盖度（%）	高度（cm）	干草产量（公斤/亩）
工程区	53.16	26.74	85.82
非工程区	41.26	18.66	53.18
对比值	11.90	8.08	32.64

资料来源：同上表。

2011～2015 年，工程区的平均植被盖度比非工程高出 11.85%，工程区的平均植被高度比非工程高了 8.65cm，工程区的平均干草产量比非工程区高出 28.78 公斤/亩。具体如表 5－3 所示。

表 5－3　　2011～2015 年退牧还草工程与非工程区对比

监测区域	盖度（%）	高度（cm）	干草产量（公斤/亩）
工程区	55.41	28.69	87.77
非工程区	43.56	20.04	58.99
对比值	11.85	8.65	28.78

资料来源：同表 5－1。

工程区内，2015 年与前四年均值相比，植被平均盖度降低 2.81%，平均高度降低了 2.44cm，平均干草产量降低了 2.43 公斤/亩。具体如表 5－4 所示。

表 5－4　　工程区 2015 年与前四年工程区对比

年度	盖度（%）	高度（cm）	干草产量（公斤/亩）
2015 年	53.16	26.74	85.82
2010～2014 年度平均值	55.976	29.18	88.25
变化值	－2.81	－2.44	－2.43

资料来源：同表 5－1。

根据2009～2015年内蒙古草原监测数据报告数据进行整理，将近7年工程区与非工程区草原的盖度、高度以及干草产量用折线图进行直观展示，如图5－3、图5－4和图5－5所示。

由图5－3、图5－4、图5－5发现，近几年，工程区植被的盖度、高度和干草产量与往年相比有略微下降趋势，但仍然高于非工程区，说明退牧还草工程在内蒙古地区的实施带来了一定的成效。

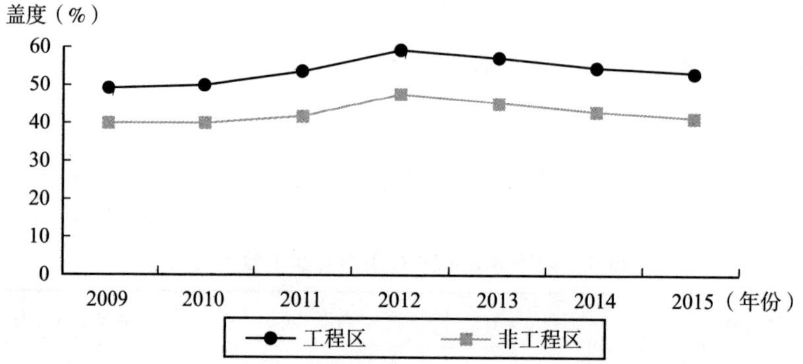

图5－3　工程区与非工程区2009～2015年盖度对比

资料来源：同表5－1。

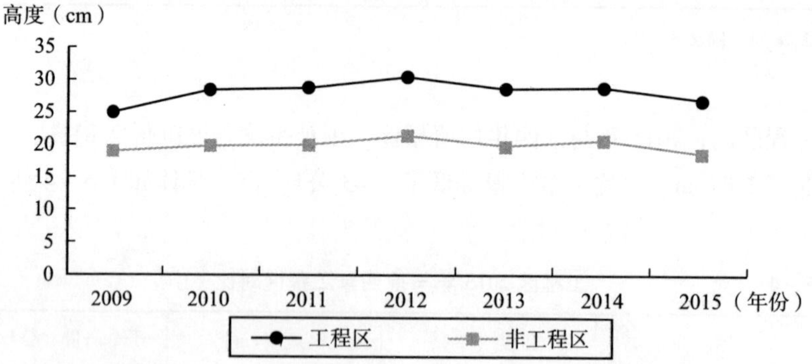

图5－4　工程区与非工程区2009～2015年高度对比

资料来源：同表5－1。

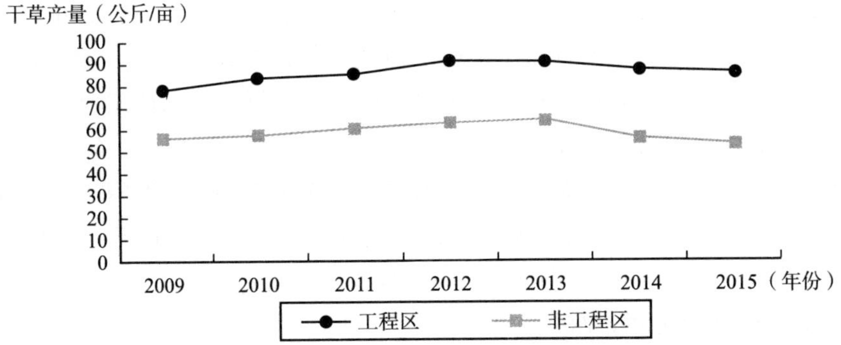

图 5-5　工程区与非工程区 2009~2015 年亩产干草对比

资料来源：同表 5-1。

5.1.3　草原生态保护补助奖励机制

2011 年内蒙古自治区开始启动草原生态保护补助奖励机制，为了摸清本底数据，建立遥感与地面监测相结合的评估指标体系，跟踪监测草原生态保护补助奖励机制实施的成效，结合全区草原检测工作，在实施补奖机制区域进行全面布局，共做了 1 500 多个样地，为建立补奖机制评估体系奠定了基础。

截至 2015 年，草原生态保护补助奖励项目产生的生态效益如下：

1. 整体情况

内蒙古自治区实施补奖项目的旗县市共有 73 个。遥感监测显示项目区植被状况在项目实施前后发生了明显变化。一是地上生物量增加。2015 年全区约 60% 的补奖项目区草原地上生物量高于补奖前，主要分布在阿拉善以东地区；约 30% 的补奖项目与补奖前基本持平，主要分布于阿拉善地区；约 10% 补奖项目区低于补奖前，主要分布于阿左旗中部地区。根据遥感统计数据，2015 年全区补奖项目区草原生物量平均为 64. 71 公斤/亩，东部、中部和西部地区分别增幅为 14. 07 个百分点、24. 93 个百分点、24. 19 个百分点。较 2014 年，全区补奖项目区草地生物量略有下降，下降了 4. 89 个百分点；东部和中部地区分别下降了 5. 92 个百分点和 4. 10 个百分点；西部地区增加了 3. 24 个百分点。二是覆盖度有所提高。2015 年全区约 30% 的补奖项目区草原植被盖度高于补奖前，主要分布于阿巴嘎旗以东地区；约55%的补奖项目与补奖前基本持平，主要分布于中西部地区（鄂尔多斯除外）；约15%补奖项目区低于补奖前，主要分布于鄂尔多斯市和呼伦贝尔东部地区。根据遥感统计数据，2015年全区补奖项目区草原覆盖度平均为43.66%，较补奖前增加了8.05个百分点；东部、中部和西部地区分别增加了12.84个百分点、7.39个百分点和1.64个百分点。较2014年，全区补奖项目区草原植被覆盖度略有提升，提升了0.86个百分点；东部和中部地区分别提升了0.64个百分点和4.15个百分点，西部地区降低了1.06个百分点。

2. 禁牧区“生态指标”

禁牧区植被“四度一量”相关指标出现明显增幅。一是覆盖度在禁牧后发生明显变化。根据监测数据发现，东部禁牧区植被在覆盖度上面增加了4.69%，中部禁牧区植被在覆盖度上面减少了5.14%，西部禁牧区植被覆盖度增加了0.95%。二是生物量增加。东部、中部和西部禁牧区，地上生物量在实施后增加了14.80%、11.43%和75.18%。三是物种数量上升，东部、中部和西部禁牧区，物种数量在实施后分别增加了44.87%、13.12%和8.90%。四是地表枯落物明显增加。东部、中部和西部禁牧区，地表凋落物在实施后分别增加了26.56%、28.40%和45.65%。具体内容见表5－5。

表5－5　禁牧区“生态指标”

禁牧区	植被盖度（%）		地上生物量（g/m^2）		物种数量（种/m^2）		凋落物量（g/m^2）	
年度	2009	2015	2009	2015	2009	2015	2009	2015
东部	64.70	69.39	159.00	182.53	8.67	12.56	32.95	41.70
中部	36.56	41.70	45.60	50.81	6.63	7.50	15.00	19.26
西部	21.38	22.33	29.31	51.35	4.87	5.30	16.08	23.42
全区	34.69	37.75	59.44	76.15	6.18	7.42	18.93	25.52

资料来源：同表5－1。

3. 草畜平衡区“生态指标”

草畜平衡区放牧压力是否缓解，通过植被的“四度一量”指标就可以直观地表现出来。根据地面监测，草畜平衡区在减畜前后植被有所改善。一是实施减畜后植被盖度提高。东部提高了 1.80%，中部提高了 2.01%，西部提高了 12.31%。二是生物量增加。东、中和西部实施草畜平衡后生物量分别增加了 3.95%、31.91% 和 139%。三是物种数量上升。东部区、中部区和西部区实施草畜平衡后物种数量分别上升了 8.56%、7.3% 和 1.79%。具体内容见表 5 - 6。

表 5 - 6　　草畜平衡区"生态指标"

草畜平衡区	植被盖度（%）		地上生物量（g/m^2）		物种数量（种/m^2）	
年度	2009	2015	2009	2015	2009	2015
东部	64.30	66.10	108.36	112.65	12.40	13.46
中部	40.74	42.75	71.62	94.48	7.57	8.13
西部	14.42	26.73	16.52	39.56	6.22	6.33
全区	48.13	51.76	70.81	94.41	9.76	10.49

资料来源：同表 5 - 1。

不难发现，在内蒙古地区实施的京津风沙源和退牧还草工程以及草原生态保护补助奖励机制取得了明显的效果，植被在盖度、高度、干草产量、地上生物量以及物种数量等上面均有明显提升。

5.2　经济社会效益

国家层面和内蒙古各级政府对草原生态环境保护及治理做出了巨大努力，这些草原生态补偿政策不仅使内蒙古草原生态环境系统得到了改善，而且使内蒙古自治区牧区畜牧业得到了空前的发展，不论地区生产总值还是牧业产值，牧区各旗县均有稳步增长的趋势。内蒙古全区的地区生产总值从 2001 年的 1 539.12 亿元增长到 2015 年的 17 831.51 亿元，2015 年比 2001 年增长了 10.6 倍。33 个牧业旗市地区生产总值 2000 年为 255.19 亿元，2015 年达到

4 093. 04 亿元，2015 年比 2001 年增长了约 15 倍。在 2000 年，33 个牧业旗市地区生产总值占全区地区生产总值约为 16. 58%，2015 约为 22. 95%，增长了 6. 37 个百分点。另外，内蒙古地区草原生态保护措施实施后，也促进了牧区产业结构的调整。33 个牧业旗市的三次产业结构中，第一产业比重从 2000 年的 36. 76% 降至 2015 年的 11. 36%，第二产业比重从 2000 年的 29. 66% 上升到 2015 年的 61. 57%，第三产业比重由 2000 年的 26. 03% 上升到 2015 年的 27. 08%；可以看出，33 个牧业旗市农牧业所占比重呈现下降趋势，工业占比呈现上升趋势。33 个牧业旗市地方财政收入由 12. 12 亿元增长至 131. 6 亿元，增长了 10 倍多。①

以内蒙古自治区镶黄旗实施京津风沙源治理工程为例，根据《内蒙古草原监测报告》整理，2001 ~2014 年该工程实施后的连续监测显示，工程实施禁牧 360. 11 万亩，草原治理 145. 64 万亩，工程实施期 2009 ~2014 年的 5 年内，累计增产可食鲜草 49. 7 万 t，以 2014 年鲜草价格 240 元/t 计算，增加产值约 1. 2 亿元，从平均的角度来看，每亩增加 4. 71 元。2015 年镶黄旗牲畜出栏率为 39. 1%，比 2001 年提高了 7. 5%。大牲畜胴体重为 135. 9 公斤，小牲畜胴体重 24. 3 公斤，分别比 2001 年提高了 5. 9% 和 5. 6%。此外，镶黄旗 2014 年人均牧业收入为 7 113 元，人均牧业收入占比总收入为 54. 4%，比 2001 年提高了 6. 9%，2014 年畜牧业产值为 3. 4 亿元，占农业总产值的 41. 7%，比 2001 年提高了 6. 5%。在就业培训方面，2003 ~2014 年该工程共带动本地就业 16 万人次，转移就业 3 662 人次，科技培训 15 131 人次数，累计培训日数 92 日。在拉动内需方面，2003 ~2014 年该工程建设累计投入 5 252 万元，分别为：钢筋 0. 31 万 t，价值 1 240 万元；水泥 6. 7 万 t，价值 2 412 万元；运输车次 4 万次，价值 800 万元；雇用人力 16 万天 · 人，价值 800 万元。

5. 3 综合效益

科学评价草原生态补偿政策的实施效果，有利于制定更加高效、合理的

① 数据根据《内蒙古统计年鉴》计算得出。

草原生态补偿政策，所以，下面我们将就内蒙古草原地区生态补偿的整体情况做定量评价研究，从而从整体上把握内蒙古草原生态补偿的实施效果。

5.3.1 草原生态补偿效果综合评价体系构建

1. 构建的原则

鉴于草原生态补偿综合效益评价的复杂性、系统性和全面性，在构建评价指标体系时应主要考虑以下基本原则：

（1）科学性原则。科学性原则主要是强调在设计指标体系结构，指标的选择和筛选以及对公式进行有效推导等方面都要有科学依据，只有这样，信息的获取才具备代表性、可靠性和客观性，评价的结果才符合客观事实和发展的真实情况，拥有可信度。运用 DPSIR 模型构建草原生态补偿效果综合评价指标体系，将影响这一政策实施效果的因素依据真实、客观的原则进行科学合理的划分，并进行可靠的处理，以期能够真实地反映草原生态补偿的实施效果。

（2）全面性原则。草原生态补偿效果综合评价是一个涉及经济、社会、生态等多方面的复合系统，依据 DPSIR 模型构建评价指标体系时，作为一个有机整体，指标选取不单单是一个或者几个指标选取那么简单，同时影响草原生态补偿效果的因素有很多，我们要考虑周全，全方位地选取指标，体现 DPSIR 模型五个方面的特征与状况，系统全面地反映草原生态补偿效果。

（3）可比性原则。草原生态补偿效果综合评价指标体系既要用来评价不同地域之间的草原生态补偿效果，也可以对同一地域不同时间的草原生态补偿效果进行纵向比较。因而在构建草原生态指标时要将指标本身和不同区域的可比性均考虑进去。

（4）可操作性原则。对于草原生态补偿效果综合评价指标体系而言，既要考虑到指标数据的可靠性以及可获得性，又要考虑指标的选取的可量化性，运用 DPSIR 模型，将众多影响因素进行划分，可以化繁为简，从各个方面再选取具有代表性、简单易行的指标，以突出目标层和准则层作为前提条件，将指标体系进行简化，从而可以提高指标体系的可操作性。

2. 评价指标体系的建立

（1）DPSIR 模型概述。

为了系统研究生态环境的可持续发展问题，科学工作者曾经设计很多概念模型进行分析，1979 年，为了研究人类行为活动给环境系统带来的压力及对此应采取的行为举措，加拿大科学家拉波特（Rapport）首次提出 SR（压力—响应）模型；此后，经济合作与发展组织及联合国等机构又相继提出了 PSR（压力—状态—响应）模型、DSR（驱动力—状态—响应）模型及 PSRP 模型（压力—状态—响应—潜力）和 PSIR 框架（压力—状态—影响—响应）两个修正模型，为了能够全面有效评价人类活动与生态环境的关系，欧洲环境署最终提出了 DPSIR（驱动力—压力—状态—影响—响应）模型。由于该模型涵盖经济、社会、资源和环境四大要素，且能揭示其中明显的一些逻辑因果关系，因此该模型在环境系统评价中得到广泛使用。DPSIR 模型主要由五个部分组成，包括驱动力、压力、状态、影响、响应。每一部分表示一种类型的指标，每一种类型的指标又包括若干项不同的指标。该模型的表现形式及整体结构如图 5－6 所示：

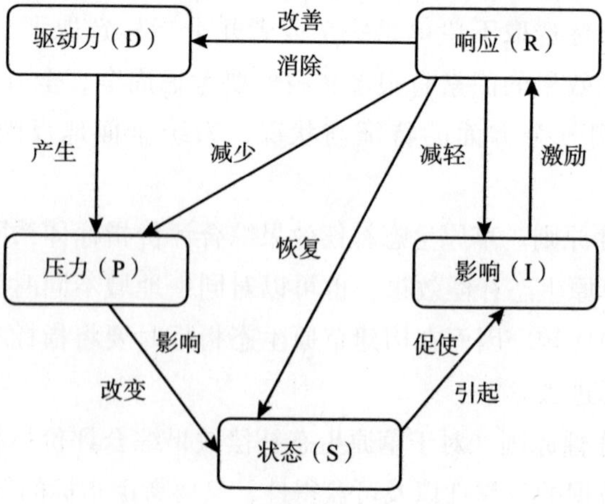

图 5－6　DPSIR 模型结构

DPSIR 模型具有明显的逻辑因果关系，在模型驱动力、压力、状态、影响、响应五个参数中，驱动力表示造成环境变化的最原始的潜在因素，是一个环境逻辑事件的初始原因；压力通常被看作是在驱动力作用以后更加直接地施加在了环境系统上面，最终引起环境发生变化的各种因素，是造成环境事件的直接原因；状态一般看成生态环境在上面描述的压力下所存在的一种状况；影响指的是环境状态的改变给生态环境和经济社会造成的最终结果；响应指的是政府相关部门或个人为了恢复生态系统原始状态或者改善减轻环境状态变化所采取的一些举措。

如图 5 -6 所示，驱动力对环境产生了一定作用，进而使得其对环境施加了一定压力，导致生态环境状态发生了改变，然后给生态环境以及社会经济带来一定影响，所产生的影响使得人类在面对生态环境状态的变化时给予响应，响应的一些行为举措又反过来对驱动力、压力、状态和影响产生一定的反馈行为。

DPSIR 模型通过揭示事物内部各要素发展的因果联系来探究其发展机制，并且能够制定解决问题的对策与方法，为生态环境与可持续发展等问题的响应机制的研究寻找了一条崭新的量化路径。生态补偿机制的作用原理与基于因果联系的 DPSIR 模型机理相符合，在驱动力、压力、状态、影响和响应五个方面分别建立具体指标，能够反映生态补偿机制的发展状况和趋势，因此，笔者认为 DPSIR 模型可以作为一种方法对草原生态补偿效果进行综合评价。这种模式具有目标清晰、层次性较强、简单明了的特点，为草原生态补偿评价指标体系构建提供了一个较好的基本框架。

建立科学合理的评价指标体系是草原生态补偿效果综合评价的重中之重，本研究选择 DPSIR 模型下构建草原生态补偿效果综合评价指标体系。鉴于目前将 DPSIR 模型应用到草原生态补偿综合评价中还比较少，本研究结合前文指标体系建立的原则，借鉴其他学者关于环境评估、生态安全评价、可持续发展评价等方面的相关文献资料，并听取相关领域专家的建议，同时结合草原生态补偿的实施现状及具体情况，从 DPSIR 模型的 5 个方面选取指标作为草原生态补偿效果综合评价体系中的基础指标。

（2）草原生态补偿驱动力指标解释。

驱动力一般是用来描述导致环境发生变化的原因，且这种原因是潜在的，也就是描述推动区域环境状况发生变化的动力。一般将自然条件、气候条件等看作内部驱动力，将社会、经济系统等因素看作外部驱动力。在针对草原生态补偿效果评价指标中，可以把“驱动力”看作是促使特定区域实施草原生态补偿政策的驱动因素，由于自然因素存在某种程度的波动性和不可控性，在此，将内部驱动力看作一段时间内处于一个较为平稳的状态，因此，本研究主要着眼于外部驱动力。对草原地区进行生态补偿的目标之一是提高草原地区的经济发展水平，保持总体经济和畜牧产业的持续增长是实施草原生态补偿政策的基础。同时，人口的压力反映了草原生态环境所承载的压力。因此，驱动力指标选取了人均 GDP、畜牧业产值、自然人口增长率 3 个指标。人均 GDP 能够反映当地经济的发展水平，给实施草原生态补偿政策提供必要的经济基础，人均 GDP 越大，表明当地经济发展越好，则能够更多地为实施草原生态补偿提供资金来源，因此，人均 GDP 作为正向指标；畜牧业产值反映了当地畜牧业的发展水平，一方面，畜牧业产值的增加可以为草原生态补偿提供必要的资金，另一方面，畜牧业依旧是当地农牧民主要的收入来源，产值越高，对草原生态补偿政策的支持程度越高，促进了草原生态补偿政策在当地的实施，因此，畜牧业产值是正向指标；自然人口增长率越大，说明其给草原生态环境带来的压力越明显，因此，自然人口增长率作为负向指标；人口的增长虽然可以促进特定区域经济的增长，但同时也会给区域的生态环境带来压力，因此，本研究将人口指标与经济发展指标均看作是驱动力指标。

（3）草原生态补偿压力指标解释。

压力是指人类的行为活动对生态环境等产生的直接阻力。在驱动力作用以后同样施加在生态环境上使其发展变化。压力与驱动力因素的相同点在于二者都是对生态环境、资源等状况产生的外在作用力，两者不同点在于驱动力是潜在的、间接的，而压力则是显现的、直接的。在此，驱动力作用之后，特定区域社会经济及生态环境所产生的变化是促使草原生态补偿政策发生变化的压力因素。社会经济方面，这种压力要素主要体现于牧民生活状况的变化；生态环境方面，压力因素主要体现在草原生产力的变化。因此，本研究选择农村牧区恩格尔系数来代表牧民生活状况的变化，将其作为社会经济压力指标，恩格尔系数能够用来反映生活质量，恩格尔系数越小，反映其生活水平越高，因此，恩格尔系数作为负向指标；选择亩产干草、平均牲畜超载率来代表草原生产力的变化，用来代表生态环境压力指标，亩产干草产量越高，说明草原生产力水平越高，因此，亩产干草作为正向指标；平均牲畜超载率越高，说明草原承受的破坏压力越大，因此平均牲畜超载率作为负项指标，分析草原生态补偿压力因素。

（4）草原生态补偿状态指标解释。

状态指的是生态环境在压力作用下存在的状况形式，状态指标常常用来反映在人类活动的压力影响下社会经济、资源环境等要素的状态。在此，状态指标是草原生态在潜在和直接压力作用下所呈现的状况反应。经济方面，这种状态主要体现在草原生态补偿政策影响下牧民收入变化上，生态环境方面，这种状态主要体现在草原生态补偿政策带来的禁牧、休牧、草畜平衡等面积变化上。因此，本研究选择牧民人均可支配收入作为社会经济状态指标，牧民人均可支配收入反映了草原生态补偿政策给当地牧民带来的经济利益，牧民人均可支配收入越高，在一定程度上说明草原生态补偿带来的效果越显著，因此可以将牧民人均可支配收入看成正向指标；选择载畜量作为生态环境状态指标，载畜量能够反映草场的生产能力，载畜量越高，说明草场生产能力越高，即草原生态补偿带来的效果越明显，因此载畜量作为正向指标，选择冷季可食饲草总储量作为生态环境状态指标，冷季可食饲草总储量能够反映草畜平衡状况，冷季可食饲草总储量越高，说明草畜平衡状况越好，因此将冷季可食饲草总储量作为正向指标，从而分析了草原生态补偿状态因素。

（5）草原生态补偿影响指标解释。

影响指的是发生改变的环境状态反过来对人类生活和社会发展带来的影响。生态环境状态与人类的生活、社会发展等各个方面联系密切，状态的变化对人类生活和社会发展产生多方面的影响。在此，影响指标反映了草原生态补偿政策实施的效果，同时反映出生态补偿政策对特定区域经济、社会和生态环境方面所带来的影响。在社会经济方面，这主要体现在草原生态补偿政策对特定区域畜牧业及对牧民生产方式的影响，在生态环境方面，这主要体现在该项目对当地草原生长状况的影响。因此，选择良种及改良种牲畜率作为社会经济影响指标，良种及改良种牲畜率能够有效增加农牧民的养殖效益，从侧面反映了草原生态补偿政策实施带来的效果，良种及改良种牲畜率越高，说明畜牧业发展的潜力越大，因此良种及改良种牲畜率作为正向指标；草地高度、草地盖度作为生态影响指标，这两个指标能够反映草原生长状况，草地高度越高，草地盖度越大，说明草原生态恢复的越明显，因此，二者均为正向指标。

（6）草原生态补偿响应指标解释。

响应指的是为了减轻或者改善环境带来的各种不利影响人类所采取的实际举措。在此，针对特定区域实施的草原生态补偿政策，需要根据项目实施的具体情况不断对政策做出调整以更好地利用好政策来改善草地环境。草地资源建设和恢复工作不是一朝一夕的事，除了采取措施对现有草地加以保护之外，还需对退化严重的地区不断采取补播、加大人工草地种植面积等措施促进草地改良，并应该对草原鼠害及其他病虫害要加大防治。财政用于农林水事务的支出代表了地方政府对草原生态投入的潜力，因此农林水事务的支出越高，一定程度上对草原生态保护投入的越多，会导致草原生态补偿效果越好，因此将财政用于农林水事务的支出作为正向指标；人工种草保有面积代表了为恢复草原生态环境，人们通过人工的方式来对草原进行修复，人工种草保有面积越大，说明人们做出的努力越明显，越能够促进草原生态补偿工作的进行，因此将其作为正向指标；面对草原鼠虫害的肆虐，政府加强对草原鼠虫害的治理，草原鼠虫害防治面积越大，说明在鼠虫害治理方面投入的工作越多，对草原生态补偿起到了正向影响，因此将其作为正向指标，分析草原生态补偿影响因素。

本研究基于 DPSIR 模型原理，把草原生态补偿效果综合评价指标体系的框架分为目标层—准则层—指标层，同时每个层次又分别选取反映其主要特征要素的指标作为评价指标，第一层次为目标层，以草原生态补偿综合评价指数为目标，综合反映经济、社会、生态环境等要素作用下草原生态补偿效果的总体水平；第二个层次为准则层，包含驱动力、状态、压力、影响、响应 5 个方面，将影响草原生态补偿实施的各种因素进行研究考虑并且按上述五个方面进行划分，从而得出各因素对目标层的影响；第三层次是指标层，根据指标构建原则，考虑到指标基础数据可获得的难易程度和可定量性，根据第二层每一项指标的性质选取若干个基础性指标建立了草原生态补偿效果综合评价指标体系。

由于 DPSIR 模型自身存在着一定的不足和缺陷，尤其是在研究驱动力与压力、状态与影响等指标方面存在不同程度的交叉，一些指标很难准确界定究竟属于哪一要素指标，因此需要综合考虑各种要素，根据各部分主要特点进行区分，由以上 5 个方面分析，最终形成了清晰的评价指标体系，如表 5 -7 所示。

表 5 -7　　草原生态补偿效果综合评价指标体系

目标层	准则层	具体指标
草原生态补偿效果综合评价 A	驱动力指标 B1	人均 GDP（元）C1（正向指标）
		自然人口增长率（%）C2（负向指标）
		畜牧业产值（万元）C3（正向指标）
	压力指标 B2	平均牲畜超载率（%）C4（负向指标）
		亩产干草（t）C5（正向指标）
		农村牧区恩格尔系数（%）C6（负向指标）
	状态指标 B3	载畜量（万绵羊单位）C7（正向指标）
		全区冷季可食饲草储量（万 t 干草）C8（正向指标）
		牧民人均可支配收入（元）C9（正向指标）
	影响指标 B4	良种及改良种牲畜率（%）C10（正向指标）
		草地高度（cm）C11（正向指标）
		草地盖度（%）C12（正向指标）
	响应指标 B5	人工种草保有面积（万 hm^2）C13（正向指标）
		财政用于农林水事务的支出（万元）C14（正向指标）
		草原鼠虫害防治面积（万亩）C15（正向指标）

5.3.2 评价方法的选择

本研究在草原生态补偿效果综合评价中采用的分析方法主要有熵权法和

加权平均法。

1. 熵权法

权重体现了各指标在评价体系中的重要程度，主观赋权法和客观赋权法是目前学者在研究过程中计算权重的最主要的赋权方法。主观赋权法是相关领域专家凭借自身的主观经验判断指标重要性，进行打分赋值，如层次分析法、德菲尔法、调查问卷法等，客观赋权法是以研究问题本身包含的各个指标数据作为基础，经过分析计算确定各指标的权重，常见的有熵权法、因子分析法、离差及均方差法、变异系数法等。主观赋值法更加注重人的主观意识，局限性、变动性较强，为了避免专家们主观因素的干扰，影响权重的公正与客观从而最终影响评价结论，因此本研究选用客观赋值法中的熵权法来确定指标权重。其计算过程如下：

（1）对各指标进行标准化处理。

$$X_{ij}=\frac{x_j-x_{\min}}{x_{\max}-x_{\min}};\ X_{ij}=\frac{x_{\max}-x_j}{x_{\max}-x_{\min}} \tag{5-1}$$

其中 x_j 为第 j 项指标值，$x_{\max}$为第 j 项指标的最大值，$x_{\min}$为第 j 项指标的最小值，X_{ij}为标准化值。若所选用的指标为正向指标，则选用前一个公式，若所选用的指标为负向指标，则选用后一个公式。

（2）计算第 j 个指标下第 i 个方案的指标值的比重 P_{ij}。设由 m 个方案，n 个指标构成的待评价矩阵为 $X=[X_{ij}]m\times n$，则 $P_{ij}=X_{ij}/\sum_{i=1}^{m}X_{ij}$，（$i=1$，$2$，…，$m$；$j=1$，$2$，…，$n$）。

（3）计算各指标的熵值 E_j。$E_j=-k\sum_{j=1}^{n}P_{ij}\ln(P_{ij})$，其中，$k>0$，$k=1/\ln(m)$，$E_j\geqslant 0$，需要说明的是当 $P_{ij}=0$ 时，令 $P_{ij}\ln(P_{ij})=0$。

（4）计算第 j 项指标的差异性系数，$G_j=1-E_j$，其值越大，就把指标定义为越重要。

（5）确定各指标的熵权 W_j。$W_j=G_j/\sum_{i=1}^{m}G_j$，其中 $\sum_{j=1}^{n}W_j=1$。

2. 加权平均法

鉴于 DPSIR 模型目前在草原生态补偿效果综合评价的运用中还比较少，

本研究在进行草原生态补偿效果综合评价方法的选择上，主要参考环境评估、生态安全评价、流域生态补偿评价、低碳城市发展、可持续发展评价等方面的相关文献资料，结合国内研究综述中对各类评价方法进行对比分析，权衡每种方法的优劣，最终本研究选择的是加权平均法。计算公式如下：

$$Y = \sum_{i=1}^{n} \omega_i x_i \tag{5-2}$$

式中，Y 为综合评价值，也就是评价结果，ω_i 为评价指标 x_i 对应的权重系数。y_D、y_P、y_S、y_I、y_R 分别表示准则层的评价值。

3. 数据的收集与整理

在构建内蒙古草原生态补偿效果综合评价指标中涉及的数据主要是统计类数据，考虑到个别年份数据的不完整性，本研究选取 2008～2015 年共计 8 年的数据来进行研究分析，相关数据均直接来源于 2009～2016 年的《内蒙古统计年鉴》《内蒙古自治区草原监测报告》《内蒙古自治区国民经济与社会发展统计公报》，以及内蒙古自治区农牧业厅各部门统计数据等，这些数据均来源于国家相关部门发布的权威性数据，真实且可靠，保证了评价结果的可信度（见表 5－8）。

表 5－8　　内蒙古草原生态补偿效果综合评价指标原始数据

指标	2008 年	2009 年	2010 年	2011 年	2012 年	2013 年	2014 年	2015 年
x1	34 869	39 735	47 347	57 974	63 886	67 836	71 046	71 101
x2	0.043	0.04	0.038	0.035	0.037	0.034	0.036	0.024
x3	6 996 335	7 214 442	8 224 208	9 983 126	11 188 550	12 084 853	12 056 515	11 608 538
x4	0.1831	0.199	0.2414	0.1852	0.1119	0.0956	0.1332	0.149
x5	48.15	40.61	43.55	48.72	60.36	64.54	62.27	60.93
x6	0.41	0.398	0.375	0.375	0.373	0.356	0.305	0.294
x7	3 641.73	6 333.77	6 233.97	6 681.45	7 514.21	7 663.78	7 839.09	7 615.39
x8	1 392.23	3 121.08	3 042.42	3 257.48	3 626.27	3 678.88	3 815.96	3 703.59

续表

指标	2008 年	2009 年	2010 年	2011 年	2012 年	2013 年	2014 年	2015 年
x9	4 656	4 938	5 530	6 642	7 611	8 596	9 976	10 776
x10	0. 933	0. 947	0. 9395	0. 948	0. 946	0. 907	0. 903	0. 904
x11	28. 98	23. 17	24. 2	24. 88	26. 89	25. 22	24. 08	23. 25
x12	0. 3885	0. 3536	0. 3708	0. 3801	0. 4305	0. 441	0. 436	0. 438
x13	137. 8	302. 92	438. 41	431. 18	440. 88	332. 52	356	379
x14	161 900	2 223 600	2 810 000	3 916 800	4 508 300	4 665 816	5 176 937	6 755 767
x15	5 400	5 229	5 417. 9	5 106. 3	4 924. 8	3 940. 53	4 501. 64	3 819. 2

注：表中 x1 – x15 对应表 5 – 7 中的指标 C1 – C15。

4. 评价过程

（1）数据标准化处理。

在草原生态补偿效果综合评价过程中，所涉及指标因素较多，不同的指标在数据性质上和统计计量的单位上是不同的，不仅会使数据缺乏综合性，而且给研究带来不便，为了消除该问题带来的影响并且使评价结果更准确、客观，因此，本研究对各数据的实际值采用无量纲化处理。目前有关数据无量纲化的方法主要包括：极值处理法、标准差标准法、归一化方法、线性比例法、向量规范法等，上述的每一种处理方法均有自己的特点与优势，运用不一样的方法进行数据处理，最终取得的结果也会略有差别。在方法的选用上，应该摒弃过程越复杂越好的观点，尽可能依据简单、客观、可行性原则选用适合对象性质的方法，结合数据特征，本研究选取归一化法对数据进行处理。详细计算公式如下：

在决策矩阵 $X=(x_{ij})_{m\times n}$ 中，令

$$y_{ij}=\frac{x_{ij}}{\sum_{j=1}^{m}x_{ij}},\ (1\leqslant i\leqslant n,\ 1\leqslant j\leqslant m) \tag{5-3}$$

则矩阵 $Y=(y_{ij})_{m\times n}$，叫作向量归一标准化矩阵。$\sum_{j=1}^{m}y_{ij}=1$。公式中，y_{ij}

为无量纲化处理后的指标值，x_{ij}为第 i 行，第 j 列某指标的实际值，$\sum_{j=1}^{n} x_{ij}$ 为同一行不同列实际指标值之和。通过上述方法，可以得到无量纲化后的指标数据。

将收集的数据整理如下，按照介绍的归一化法，运用公式将统计的原始数据进行标准化处理得到表 5－9。

表 5－9　　内蒙古草原生态补偿同度量化指标数据

指标	2008 年	2009 年	2010 年	2011 年	2012 年	2013 年	2014 年	2015 年
x1	0. 077	0. 088	0. 104	0. 128	0. 141	0. 149	0. 157	0. 157
x2	0. 150	0. 139	0. 132	0. 122	0. 129	0. 118	0. 125	0. 084
x3	0. 098	0. 101	0. 116	0. 140	0. 157	0. 170	0. 169	0. 163
x4	0. 141	0. 153	0. 186	0. 143	0. 086	0. 074	0. 103	0. 115
x5	0. 112	0. 095	0. 101	0. 114	0. 141	0. 150	0. 145	0. 142
x6	0. 142	0. 138	0. 130	0. 130	0. 129	0. 123	0. 106	0. 102
x7	0. 068	0. 118	0. 116	0. 125	0. 140	0. 143	0. 146	0. 142
x8	0. 054	0. 122	0. 119	0. 127	0. 141	0. 143	0. 149	0. 144
x9	0. 079	0. 084	0. 094	0. 113	0. 130	0. 146	0. 170	0. 183
x10	0. 126	0. 127	0. 126	0. 128	0. 127	0. 122	0. 122	0. 122
x11	0. 144	0. 115	0. 121	0. 124	0. 134	0. 126	0. 120	0. 116
x12	0. 120	0. 109	0. 114	0. 117	0. 133	0. 136	0. 135	0. 135
x13	0. 049	0. 107	0. 156	0. 153	0. 156	0. 118	0. 126	0. 134
x14	0. 005	0. 074	0. 093	0. 130	0. 149	0. 154	0. 171	0. 224
x15	0. 141	0. 136	0. 141	0. 133	0. 128	0. 103	0. 117	0. 100

（2）指标权重的确定。

按照上一节介绍熵权法的计算步骤计算得出每一项指标的权重，计算过程如下：

首先，对各指标进行标准化处理之后，计算第 j 个指标下第 i 个方案的指标值的比重 P_{ij}，得到每个指标的比重如表 5－10 所示。

表 5－10　　指标值的比重

指标	指标值的比重							
x1	0.000	0.028	0.071	0.132	0.166	0.189	0.207	0.207
x2	0.000	0.053	0.088	0.140	0.105	0.158	0.123	0.333
x3	0.000	0.009	0.053	0.128	0.179	0.218	0.216	0.197
x4	0.092	0.067	0.000	0.089	0.205	0.230	0.171	0.146
x5	0.072	0.000	0.028	0.078	0.189	0.230	0.208	0.195
x6	0.000	0.030	0.089	0.089	0.094	0.137	0.266	0.294
x7	0.000	0.110	0.106	0.125	0.159	0.165	0.172	0.163
x8	0.000	0.119	0.114	0.129	0.154	0.158	0.167	0.159
x9	0.000	0.013	0.041	0.092	0.138	0.183	0.248	0.285
x10	0.147	0.216	0.179	0.221	0.211	0.020	0.000	0.005
x11	0.379	0.000	0.067	0.112	0.243	0.134	0.059	0.005
x12	0.085	0.000	0.042	0.065	0.188	0.213	0.201	0.206
x13	0.000	0.096	0.175	0.171	0.177	0.113	0.127	0.141
x14	0.000	0.071	0.092	0.130	0.150	0.156	0.173	0.228
x15	0.203	0.181	0.205	0.165	0.142	0.016	0.088	0.000

其次，由上一节介绍的熵权法，计算出每个指标的比重之后，对各指标的熵值 E_j 进行计算，得到每个指标的熵值如表 5－11 所示。

表 5－11　　各指标的熵值

指标	各指标的熵值							
x1	0. 000	0. 048	0. 091	0. 129	0. 143	0. 151	0. 157	0. 157
x2	0. 000	0. 075	0. 103	0. 133	0. 114	0. 140	0. 124	0. 176
x3	0. 000	0. 021	0. 074	0. 126	0. 148	0. 160	0. 159	0. 154
x4	0. 106	0. 087	0. 000	0. 103	0. 156	0. 163	0. 145	0. 135
x5	0. 091	0. 000	0. 048	0. 096	0. 152	0. 162	0. 157	0. 153
x6	0. 000	0. 051	0. 103	0. 103	0. 107	0. 131	0. 169	0. 173
x7	0. 000	0. 117	0. 115	0. 125	0. 141	0. 143	0. 146	0. 142
x8	0. 000	0. 122	0. 119	0. 127	0. 139	0. 140	0. 144	0. 141
x9	0. 000	0. 027	0. 063	0. 106	0. 131	0. 150	0. 166	0. 172
x10	0. 136	0. 159	0. 148	0. 160	0. 158	0. 037	0. 000	0. 013
x11	0. 177	0. 000	0. 087	0. 118	0. 165	0. 129	0. 081	0. 013
x12	0. 101	0. 000	0. 064	0. 085	0. 151	0. 158	0. 155	0. 157
x13	0. 000	0. 108	0. 147	0. 145	0. 147	0. 119	0. 126	0. 133
x14	0. 000	0. 091	0. 105	0. 127	0. 137	0. 139	0. 146	0. 162
x15	0. 156	0. 149	0. 156	0. 143	0. 133	0. 031	0. 103	0. 000

再其次，在进行完成前两步整理工作之后，对第 j 项指标的差异性系数进行计算，差异性系数用 G_j 表示，通过计算得到每个指标的差异性系数如表 5－12 所示。

表 5－12　　第 j 项指标的差异性系数

指标层	差异性系数
x1	0. 125
x2	0. 136
x3	0. 157

切实提高资金使用效益，财政部、农业部印发了《中央财政草原生态保护补助奖励资金绩效评价办法》。中央财政按照各地草原生态保护效果、地方财政投入、工作进展情况等因素进行绩效考评，每年安排奖励资金，对工作突出、成效显著的省份给予资金奖励。2014 年，中央财政以绩效评价结果为重要依据，统筹考虑草原面积、畜牧业发展情况等因素，拨付奖励资金 20 亿元，用于草原生态保护绩效评价奖励，支持开展加强草原生态保护、加快畜牧业发展方式转变和促进农牧民增收等方面工作。

2014 年 6 月，财政部、农业部联合印发了《中央财政农业资源及生态保护补助资金管理办法》（见表 4 –5），对草原生态保护补助奖励资金的用途、区域范围、支出内容、补偿标准、资金发放的时间、方式以及绩效评价做出了规定。

表 4 –5　　有关草原生态保护补助奖励政策与法规一览

政策与法规	颁布机关	颁布时间
《中央财政农业资源及生态保护补助资金管理办法》	财政部、农业部	2014. 06. 09
《关于深入推进草原生态保护补助奖励政策政策落实工作的通知》	农业部办公厅、财政部办公厅	2014. 05. 20
《关于做好 2013 年草原生态保护补助奖励政策政策实施工作的通知》	农业部办公厅、财政部办公厅	2013. 05. 22
《中央财政草原生态保护补助奖励资金绩效评价办法》	财政部、农业部	2012. 11. 14
《关于建立草原生态保护补助奖励政策实施情况定期报送制度的通知》	农业部办公厅	2012. 10. 10
《关于进一步推进草原生态保护补助奖励政策落实工作的通知》	农业部办公厅、财政部办公厅	2012. 04. 26
《中央财政草原生态保护补助奖励资金管理暂行办法》	财政部、农业部	2011. 12. 31

续表

指标层	差异性系数
x4	0.105
x5	0.140
x6	0.162
x7	0.072
x8	0.069
x9	0.185
x10	0.189
x11	0.229
x12	0.129
x13	0.075
x14	0.092
x15	0.129

最后，在第三步确定完每个指标的差异性系数之后，通过计算来最终确定各指标的熵权 W_j，得到每个指标的熵权如表 5－13 所示。

表 5－13　　内蒙古草原生态补偿效果综合评价指标权重

准则层	权重	指标层	权重
B1	0.210	x1	0.298
		x2	0.326
		x3	0.376
B2	0.204	x4	0.257
		x5	0.345
		x6	0.397

续表

准则层	权重	指标层	权重
B3	0.164	x7	0.222
		x8	0.212
		x9	0.567
B4	0.274	x10	0.345
		x11	0.420
		x12	0.235
B5	0.149	x13	0.253
		x14	0.312
		x15	0.435

（3）综合评价值计算。

本研究根据 DPSIR 模型原理，从驱动力、压力、状态、影响、响应这 5 个方面来建立内蒙古草原生态补偿效果综合评价指标体系，同时结合熵权法确定下来指标的权重，应用上一节介绍的加权平均法计算出 2008～2015 年内蒙古草原生态补偿效果综合评价值以及五大因子评价值，如表 5－14 所示。

表 5－14　　内蒙古 2008～2015 年草原生态补偿效果综合评价值

指标	2008 年	2009 年	2010 年	2011 年	2012 年	2013 年	2014 年	2015 年
yd	0.109	0.110	0.118	0.131	0.143	0.147	0.151	0.135
yp	0.131	0.127	0.135	0.128	0.122	0.120	0.118	0.119
ys	0.072	0.100	0.104	0.119	0.135	0.145	0.160	0.166
yi	0.132	0.118	0.121	0.124	0.131	0.127	0.124	0.122
yr	0.075	0.110	0.130	0.137	0.142	0.123	0.136	0.147
y	0.109	0.114	0.122	0.127	0.134	0.132	0.136	0.135

内蒙古草原生态补偿效果综合评价结果显示，综合评价得分最高分为 0.136，最低得分为 0.109。就内蒙古草原生态补偿的总体效果来说，各指标指数得分均为正值，这说明内蒙古草原生态补偿总体效果是呈上升趋势，在

2008 ~2015 年内蒙古草原生态补偿综合效果整体上呈现出逐年上升趋势，同时这也意味着内蒙古草原生态补偿呈良好趋势。从另一方面来看，每一年内蒙古草原生态补偿综合评价值存在差异，表明内蒙古草原生态补偿建设尚不均衡。

从表 5 - 14 数据中所得出的结论和内蒙古的实际情况是比较符合的，以 DPSIR 模型构建内蒙古草原生态补偿效果综合评价指标体系，可以科学真实的反映草原生态补偿效果的发展状况，同时也反映了 DPSIR 模型的真实性和可操作型。

由上表数据，利用统计软件绘制出 2008 ~2015 年内蒙古草原生态补偿效果综合评价值变化趋势图以及驱动力、压力、状态、影响和响应因子的变化趋势图，如图 5 -7 ~图 5 - 12 所示。

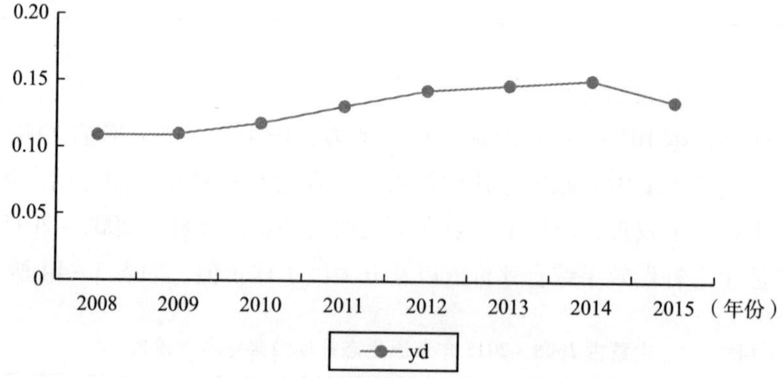

图 5 -7　驱动力因子变化情况

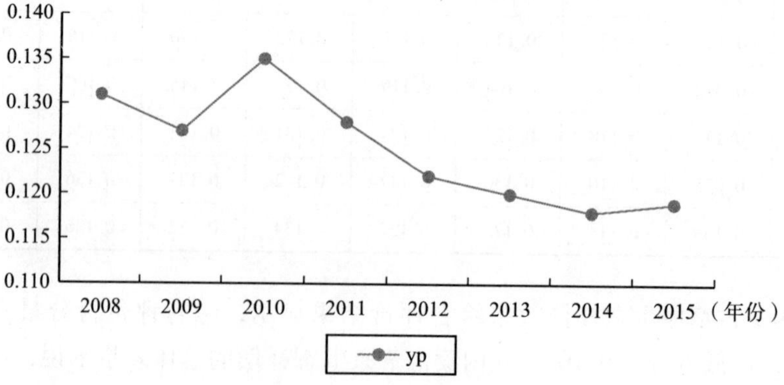

图 5 -8　压力因子变化情况

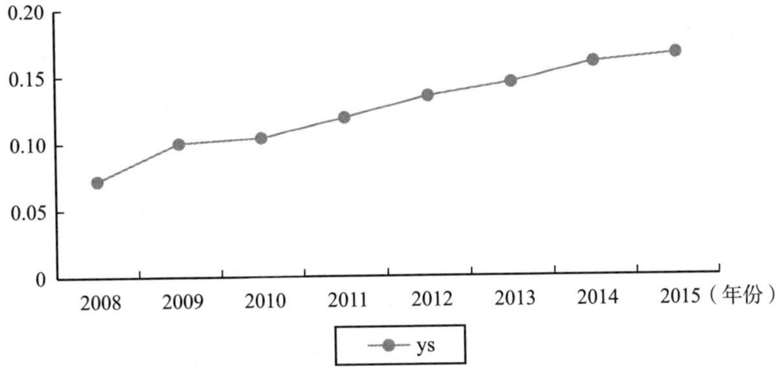

图 5－9　状态因子变化情况

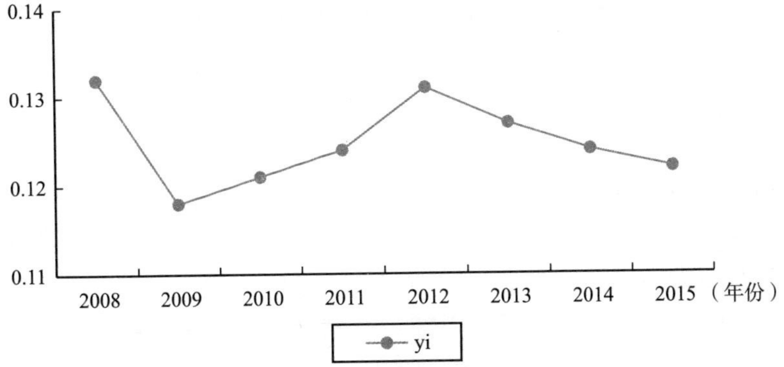

图 5－10　影响因子变化情况

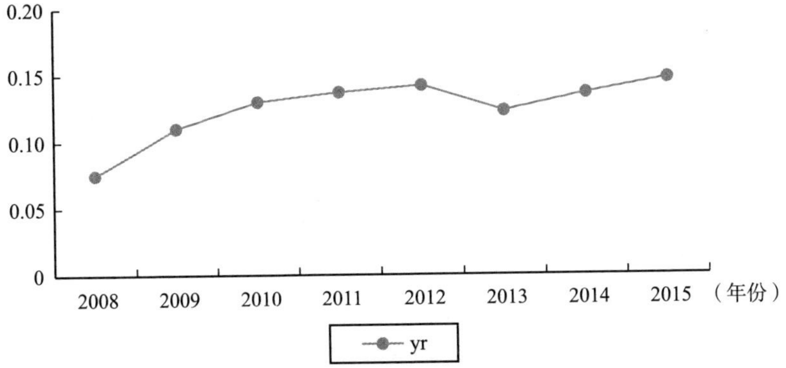

图 5－11　响应因子变化情况

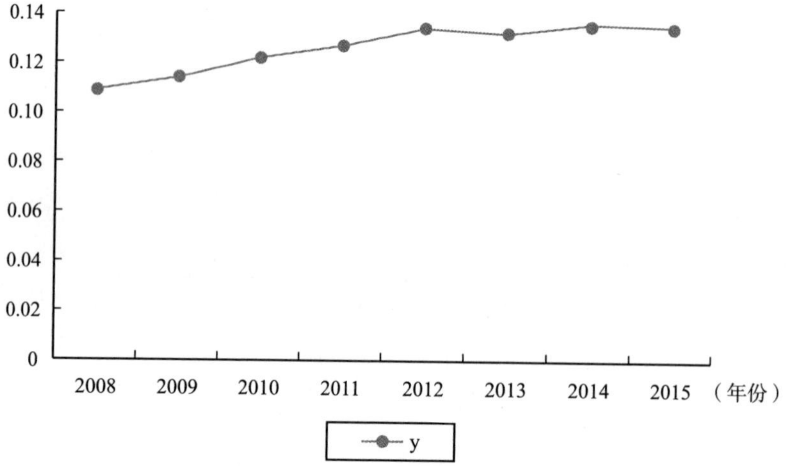

图 5－12　内蒙古草原生态补偿效果综合评价值变化情况

5. 结果分析

（1）指标赋权分析。

由表 5－13 内蒙古草原生态补偿效果综合评价指标赋权的结果来看，DPSIR 模型中五大影响因子中，权重由高到低排序为影响因子（0.274）、驱动力因子（0.210）、压力因子（0.204）、状态因子（0.164）和响应因子（0.149），其中影响因子权重最高，其次是驱动力因子，由此可以反映出在内蒙古草原生态补偿过程中，影响指标和驱动力指标占据的作用比较大。影响指标能够一定程度上反映草原生态补偿政策实施的效果，效果的好与坏影响了政策的调整与推进，畜牧业的发展与草地生长状况需要政策制定者和实施者着重的关注；驱动力是特定区域实施草原生态补偿政策的驱动因素，其中经济社会发展指标是制约内蒙古草原生态补偿发展变化的主要因素。因此要想促进内蒙古草原生态补偿政策的有效实施，应着重从以上几个方面入手，才能更好地保护当地草原生态环境，促进当地草地资源的可持续发展。从表 5－13 中可以看出，牧民人均可支配收入 x9、草原鼠虫害防治面积 x15、草地高度 x11、农村牧区恩格尔系数 x6、畜牧业产值 x3、亩产干草 x5、良种及改良种牲畜率 x10、自然人口增长率 x2、财政用于农林水事务的支出 x14 等依次在评价指标体系中占有的权重相比其他指标较大，也就是指标层中比较重要的指标，可以说它们对草原生态补偿效果评价影响较大，应该引起足够的重视。

（2）驱动力因子分析。

随着当前内蒙古地区经济的快速发展，在草原生态补偿政策上，人为因素的影响在不断扩大，同时也在一定程度上限制了草原生态补偿政策的实施。从图 5 -7 中可以看出，驱动力因子变化曲线斜率的快速提升，表明内蒙古地区经济增长迅速。驱动力因子在 DPSIR 模型五大影响因子中的权重为 0. 210，在驱动力指标层中，畜牧业产值和人口自然增长率的指标权重分别为 0. 376 和 0. 326，两项指标是影响驱动力变化的主要因素，人口数量的增加，带动了当地人民对经济物质的需求的增加，给当地草地资源带来了更多的压力，人们需要扩大生产，尤其是畜牧业的生产来满足自己对日常生活或者更高质量生活的需求，同时，也促进了草原生态补偿政策的实施来平衡社会经济发展与草原生态环境维护二者的关系。

（3）压力因子分析。

从图 5 -8 中可以看出，尽管多年的草原保护相关政策的实施使得压力因素的作用正在逐渐减小，说明内蒙古牧区人民生活质量和草原生产力得到改善，但与其他四个因素相比对草原生态补偿可持续进行的影响作用来说依然很大（压力评价值偏低），压力因子曲线中间出现波动，压力因素仍然不能小觑。压力因子在 DPSIR 模型五大影响因子中的权重为 0. 204，在压力指标层中，农村牧区恩格尔系数和亩产干草较强的代表了牧民生活状况和草原生产力对草原生态补偿政策的压力，牧民对生活水平要求的提高以及草原生产力不良状况的迫切改善使得这种源自社会经济和生态要素的压力变为促进当地牧区发展的动力，最终通过实施草原生态补偿政策来缓解这种压力，促进当地草地生态环境的得到改善。

（4）状态因子分析。

从图 5 -9 中可以看出，在驱动力和压力因素的作用下，状态因子变化曲线呈逐年上升趋势，说明 8 年来内蒙古草原生态发展状态得到明显的改善。状态因子在 DPSIR 模型五大影响因子中的权重是 0. 164，在状态指标层中，牧民人均可支配收入占比较重，代表了草原生态补偿政策在驱动力和压力作用之后牧区当地所产生的状态，牧民人均可支配收入的提高，表明政策的实施朝正向发展。

（5）影响因子分析。

从图5－10中可以看出，影响因子变化曲线的波动表明，影响因子仍处于较强的波动状态，尤其是2012年以后呈现下降趋势，可见内蒙古草原生态环境的改善仍然面临较大的挑战。影响因子在DPSIR模型五大影响因子中的权重为0.274，在影响指标层中，良种及改良种牲畜率以及草地高度和盖度是草原生态环境改善的重要标志，影响因子较强的波动状态，表明草原生态补偿政策虽然取得了一定的效果，但仍然不够稳定，由于受到各种客观因素的影响，导致反映影响因子的各指标的好坏出现反复，应当引起足够关注，寻找原因及解决办法。

（6）响应因子分析。

从图5－11中可以看出，响应因子变化曲线一直在波动中呈上升状态，表明近几年人们对草原生态补偿越来越重视。响应因子在DPSIR模型五大影响因子中的权重为0.149，在响应指标层中，财政用于农林水事务的支出和草原鼠虫害防治面积指标权重较大，财政用于农林水事务的支出的增加潜在地表明了政府作为公益主体，对草原保护、牧民补贴和其他社会扶持方面做出的积极反应，草原鼠虫害防治面积的增加表明了在治理草原灾害方面人们做出的努力。两个指标均为对当地草原生态的人为干预措施，给当地草地健康良好发展带来了积极的影响。

（7）综合评价值分析。

内蒙古草原生态补偿综合评价水平是驱动力、压力、状态、影响、响应各方面因素综合作用下呈现出来的结果，草原生态补偿政策实施多年，由于某些年份数据缺失不全，本研究截取2008～2015年对其补偿效果进行评价，从图5－12中可以看出，综合评价值曲线总体是呈上升趋势，表明随着草原生态补偿政策的不断推进与深入，草原生态环境恶化的趋势从整体上得到有效控制，草原生态环境改善出现良好势头。但我们也注意到在某些年份仍然由于各种原因使得这一结果出现波动，尤其是近4年来增长缓慢存在波动，特别是2013年和2015年均出现小幅度下滑，不得不引起我们的高度重视。同时我们也需要注意到，整体的好转并不意味每个方面都在呈现上升趋势。在对影响因子进行分析的过程中，内蒙古地区整体上良种及改良种牲畜率和草地高度尽管与生态补偿初期改善很多，但在近 4 年出现下降趋势，这些指标制约了影响因子指标的上升趋势，使影响因子评价值出现较大波动，需要采取措施调查清楚出现这种状况的原因并针对其问题进行改善。

第6章 草原生态补偿对牧民收入的影响研究

6.1 草原生态补偿对牧民收入的影响机理

草原生态补偿的综合效益最终主要体现在牧民收入的变化，所以本研究主要分析草原生态补偿对牧民收入的影响机理及影响程度，并以内蒙古为例进行实证分析。

本章根据文献分析方法和对历史数据的定量分析，研究草原生态补偿标准对牧民收入的影响机理，分为直接影响和间接的影响，并构建了内蒙古草原生态补偿标准对牧民收入的影响机理模型。

6.1.1 直接影响

草原生态补偿标准对牧民收入的影响分为直接和间接两个部分。实行草原生态补偿对牧民收入的直接影响就是通过补贴的发放，使牧民收入结构中转移性收入部分直接提高，从而直接对牧民收入有着正向的影响。根据表6-1可以看到，政策实施后财产性收入和转移性收入增加。

表 6-1　　政策实施前后牧民各类收入占比对比

项目	牧业收入比重（%）	工资性收入比重（%）	牧民家庭经营第三产业收入比重（%）	政策收入和转移性收入比重（%）
政策实施前（2008～2010 年）	38.21	11.14	4.62	13.58
政策实施后（2011～2015 年）	50.00	10.63	6.86	28.10

资料来源：历年《内蒙古统计年鉴》。结合内蒙古农村居民消费价格指数，对表中各项收入做了剔除价格因素的处理。政策实施前平均的计算为 2008～2010 年的平均值，政策实施后平均的计算为 2011～2015 年的平均值。

6.1.2　间接影响

1. 草原生态补偿标准对草原生产力的影响

（1）牧民收入与禁牧意愿。

通过对文献的整理和研究发现牧民收入水平是牧民禁牧意愿的主要影响因素。如果补偿标准过低不能弥补牧民损失则牧民禁牧意愿会很低。牧民的政策配合度是草原生态补偿政策能否达到预期目标的关键。

禁牧使得牧民的放牧方式发生改变，牧户不仅要承担减畜带来的损失，还要承担生产支出增加的负担，从而牧民禁牧的执行度不高，会有继续放牧、偷牧、夜牧等行为。

王晓毅的分析认为，控制牧民的微观放牧活动是很困难的，尽管政府制定了监管制度，但是牧民超载的现象依然很普遍。国家与牧民的博弈主要集中在减少牲畜数量、减少放牧时间和放牧区域三个方面，在这个博弈的过程中，由于双方没有谈判的机制，在违规和惩罚的互动过程中，博弈双方都付出了比较大的代价，政策的实施没有产生现实效果，牧民的收入也减少。

可见，补偿标准过低、牧民的收入水平过低是牧民禁牧行为的重要影响因素。牧民收入的主要来源是畜牧业，禁牧会直接导致牧民的牧业收入降低，但禁牧逐渐会使得生态得到改善，而带来附加效应使得收入增加。因此，如果补偿标准提高，牧民不再为升级发愁，牧民的禁牧意愿就会增强。

（2）禁牧与草原生态恢复之间的关系。

2011～2015年全内蒙古实施草原生态补偿项目区共73个旗县市。根据内蒙古草原勘测院发布的《内蒙古草原检测报告》，遥感检测显示项目区植被状况在项目实施前后发生明显变化。

一是地上生物量增加。2015年全区约60%的补奖项目区草原地上生物量高于补奖前，主要分布于阿拉善以东地区；约30%的补奖项目区与补奖前基本持平，主要分布于阿拉善地区；约10%的补奖项目区低于补奖前，主要分布阿左旗的中部地区。根据《2015内蒙古草原检测报告》遥感统计数据，2015年全区补奖项目区草原地上生物量平均为64.71公斤/亩；东部地区增加了14.07%，中部地区增加了24.93%，西部地区增加了24.19%。较2014年，全区补奖项目区草原地上生物量略有下降，下降了4.89%；东部地区下降了5.92%，中部地区下降了4.10%；西部地区略有增加，增加了3.24%。

二是覆盖度有所提高。2015年全区约30%的补奖项目区草原植被覆盖度高于补奖前，主要分布于阿尔巴嘎旗以东地区；约55%的补奖项目区与补奖前基本持平，主要分布于中西部地区（鄂尔多斯除外）；约15%的补奖项目区低于补奖前，主要分布于鄂尔多斯市和呼伦贝尔市东部地区。根据遥感数据统计，2015年全区补奖项目区草原植被覆盖度平均为43.66%，较补奖前增加了8.05%；东部地区增加12.84%，中部地区增加了7.39%，西部地区增加了1.64%。较2014年，全区补奖项目区草原植被覆盖率略有增加，增加了0.86%；东部地区略有增加，增加了0.64%，中部地区明显增加，增加了4.15%；西部地区略有下降，下降了1.06%。

经过数据分析可以得出结论：经过草原生态补偿政策的实施，草原植被的盖度和草原生物量都得到了提高和改善。可以认为禁牧促进了草原生态的恢复。

但是，有些学者的调研结果显示，禁牧的时间与生态环境并不是始终的正态相关的，禁牧时间过长会使草原植被和土壤得不到牲畜粪便而枯萎弱化，执行力度过强的禁牧行为打破草原的生物链平衡。如许晴（2012）对锡林郭勒盟典型草原的调查结论是“短时间的禁牧行为有利于草原生态系统功能的提高，但过长的禁牧会产生相反的作用”。张伟娜（2013）根据对藏北高寒草甸的调研给出了合理的禁牧时间为5年。周立华（2012）根据在宁夏盐池县进行的调查给出了合理的禁牧落实程度，为完全禁牧 30% ~40% 。

综上所述，禁牧会对恢复草原生态情况有积极的作用，但过度的禁牧会对草原的恢复产生负面的影响。

（3）标准亩系数与牧民收入的关系。

与其他地区不同，内蒙古地区在分配各盟市的草原生态补偿资金时，考虑到内蒙古东西部草原情况差异较大，引入了“标准亩系数”的概念。根据《内蒙古草原生态保护补助奖励实施方案》，“标准亩”即根据内蒙古自治区草原的平均载畜能力，测算出平均饲养 1 羊单位所需要的草地面积为 1 个标准亩系数，其系数为 1，大于这个载畜能力的草原，其标准亩系数就大于 1，反之小于 1。根据每个盟市的标准亩系数再乘以禁牧补助 6 元/标准亩，草畜平衡奖励 1.5 元/标准亩给予补助奖励。也就是说，内蒙古自治区各盟市的草原生态补偿资金是根据其草原生产力，草原生产力越高，标准亩系数越高，生态补偿资金就越高。

因此，标准亩系数是草原载畜能力的一个定量化的体现，是连接生态和经济的一个纽带，当生态补偿标准高时，牧民的禁牧意愿足够高，草原会恢复得较好，此时标准亩系数就会高，从而使得补偿资金增加，牧民收入增加。

综上所述，草原生态补偿标准对草原生产力影响的结果如图 6 –1 所示。

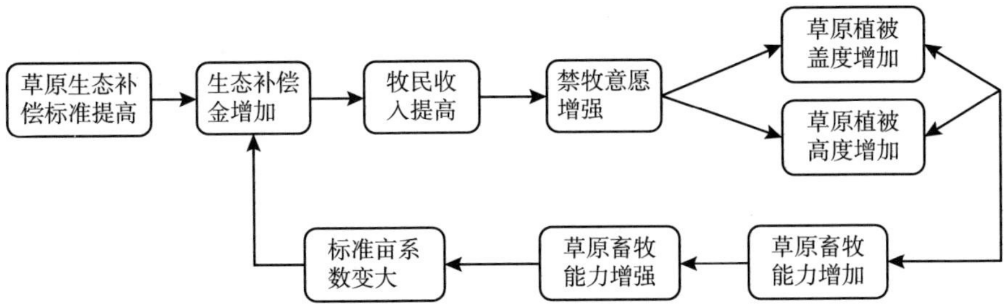

图 6 –1　草原生态补偿标准对草原生产力的影响

2. 草原生态补偿标准对畜牧业收入的影响

长期的超载是内蒙古草原退化、沙化的主要原因，环境的恶化导致畜牧业产品产量下降，直接降低了牧民的畜牧业收入，而且草原环境质量的高低影响着畜牧产品的品质。

杨波以内蒙古翁牛特旗作为研究对象，通过实地走访调查的方式研究了禁牧对当地局民收入的影响，发现与全年放牧相比，全年禁牧区牧民饲养牲畜的成本增加了210%，季节休牧区的饲养成本增加了163%，主要畜牧业支出是用来购买饲料粮草。由于禁牧畜牧产品的饲养率上升了40%。一些学者利用历史统计数据，运用供给理论，采用C—D函数构建羊年载畜量影响因素的实证模型，结论是养殖的饲养成本对羊年末存栏量有显著负向影响，并且饲养成本增加，牧户为了避免收入下降会降低年末的存栏量，导致羊只的数量下降。尽管禁牧期间政府进行了政策性补贴，但补贴的金额不足，难以覆盖因禁牧带来的生产性成本的增加。

综上所述，草原生态补偿标准对畜牧业收入的影响如图6－2所示。

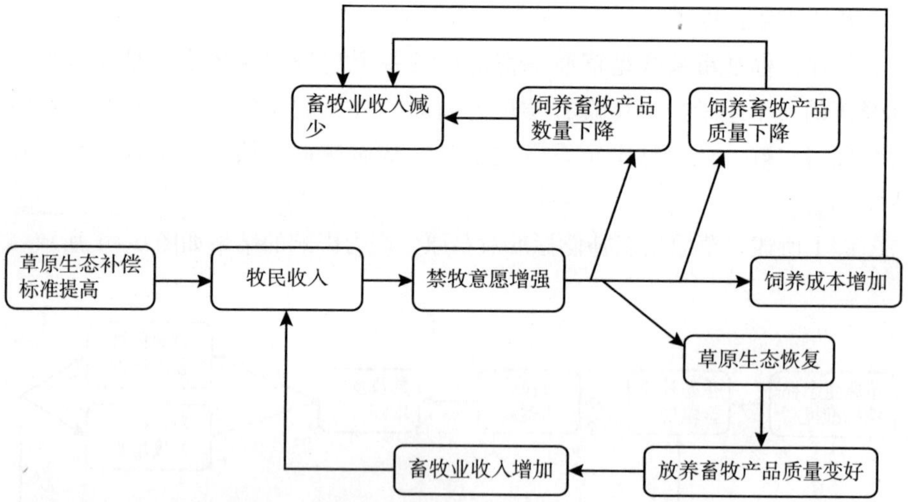

图6－2　草原生态补偿标准对畜牧业收入的影响

3. 草原生态补偿标准对其他收入的影响

草原生态补偿标准提高后牧民禁牧意愿增强导致草原生态恢复，草原生态恢复会增加家庭经营性收入和地方旅游收入。具体作用机理见图6－3。

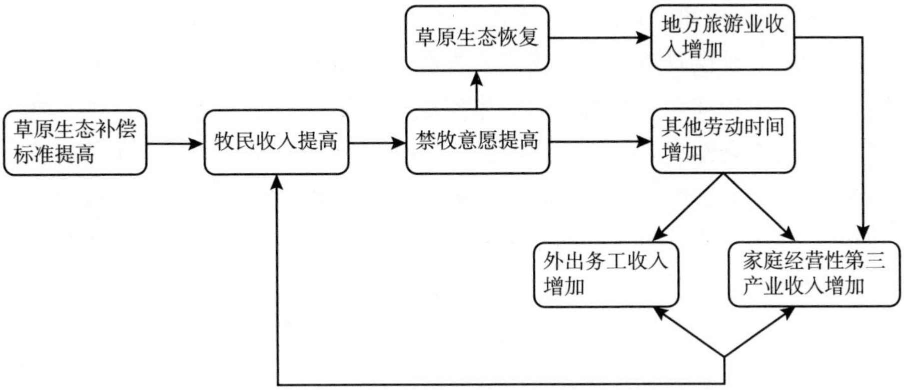

图 6－3　草原生态补偿标准对其他收入的影响

(1) 禁牧对工资性收入、家庭经营第三产业收入的影响。

结合内蒙古统计年鉴的数据，对内蒙古牧民的人均收入进行了分析（见表 6－2）。为了剔除通货膨胀对牧民收入的影响，本表的数据做了剔除价格因素处理。

表 6－2　政策实施前后牧民收入水平及结构的对比　单位：元/人

政策	年份	人均纯收入	牧业人均净收入	工资性收入	家庭经营第三产业收入	财产收入和转移性收入
政策实施前（对照期）	2008	5 826.90	2 354.05	567.93	144.20	711.40
	2009	7 085.17	2 696.45	856.35	353.00	1 016.84
	2010	7 585.94	2 743.56	878.93	484.61	1 075.16
	平均	6 832.67	2 598.02	767.74	327.27	934.47
政策实施后（政策影响期）	2011	8 617.34	3 373.54	1 036.54	663.15	2 044.62
	2012	11 957.77	6 330.73	1 174.63	720.87	3 881.95
	2013	12 145.73	6 950.14	1 278.04	845.57	3 071.98
	2014	13 926.88	7 155.14	1 437.75	1 854.74	3 479.25
	2015	14 996.00	7 397.00	1 568.00	2 911.55	3 119.45
	平均	12 328.74	6 241.31	1 298.99	1 399.18	3 119.45

资料来源：2009～2016 年《内蒙古统计年鉴》整理所得。为了剔除价格因素对收入金额的影响，本表格的数据做了剔除价格指数处理。

由表6－2可知，牧民收入来源主要依赖农牧业，其他收入是辅助性的。实施草原生态补偿政策后，牧民工资性收入总体上不断增长，在牧民收入中的比重也不断增加。从绝对量看，未实施草原生态补偿政策时，2008～2010年牧区人均工资性收入为767.74元，实施政策后的2011～2015年牧区人均工资性收入为1 298.88元，增加了69.19%。另外，牧民的家庭经营性收入增幅明显，未实施草原生态补偿政策时，2008～2010年牧民牧民平均每人家庭经营性收入为327.27元，政策实施后的2011～2015年为1 399.176元，增加了3.27倍。所占比重由4.78%提升至11.3%。可以看出，实施生态补奖政策后，牧民的剩余时间多用来经营第三产业，且占总收入的比重越来越大。

所以，可以看到实施草原生态补奖政策后，牧民的其他收入明显增多。说明禁牧使牧民的机会成本变小，牧民的收入渠道扩宽。

（2）禁牧与地方旅游业收入的关系。

根据上文分析可以知道，禁牧对草原生态的恢复有重要的正面作用，而草原的生态环境质量又与地方旅游业收入有着重要影响。朱天龙（2015）认为草原旅游与生态环境相辅相成，良好的草原生态环境是草原旅游业健康有序发展的前提，而草原旅游的发展反过来又对草原生态环境保护增添助力。草原旅游发展与草原生态环境保护起码应该并重，甚至要树立防重于治的观念。生态环境保护制度不完善，管理不健全，重草原旅游发展中的经济效益，轻草原旅游生态环境保护，生态意识不强等这些现状问题都应针对性的解决。张海盈利用二项Logistic回归方法研究了地方旅游业与牧民生计的关系，认为地方旅游业收入的增加可以使牧民实现劳动力转移、牧民就业多样化，增加牧民的家庭收入。

4. 草原生态补偿标准对教育支出的影响

教育投入会对牧民收入产生正向的影响。这里的教育泛指牧民对于子女教育，以及对于自身的劳动技能再培训、购买经营技巧类书籍等。教育的投入会使牧民工资性单位时间收入和家庭经营性第三产业单位时间收入和畜牧业单位时间收入都提高，从而提高牧民的收入水平。有的学者通过调研发现牧民的文化水平低必然会导致劳动力在生产方式的选择和调整、生产范围的扩展、先进技术的学习和运用等方面面临困境。

同时，一些学者认为教育的投入也会使牧民更加理解公共政策，从而其参与积极性和配合度会得到提高。

观察内蒙古牧民的收入水平与教育支出可以看出，内蒙古牧民的教育投入过低，且与收入水平呈正相关。也就是说，当生态补偿标准提高经过上述的影响机理影响到牧民收入水平后，也会影响到教育投入水平，教育水平也会影响着牧民收入（见图 6－4）。

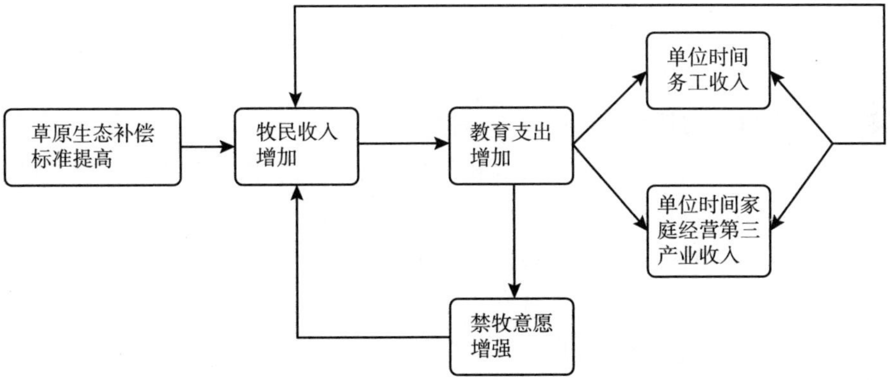

图 6－4　草原生态补偿标准对教育支出的影响

通过以上分析可以看出，草原生态补偿标准对牧民收入的影响复杂，必须通过系统、定量的方法进行研究。因此有必要建立系统流图，通过分析每个影响因素的关系，建立草原生态补偿标准对于牧民收入的影响模型的系统流图。从而通过定量的分析，得出最佳的草原生态补偿标准范围。

6.2　草原生态补偿对牧民收入影响的模型构建

本节主要内容是构建草原生态补偿标准对牧民收入影响的系统动力学模型。根据系统动力学的应用原理和特征，结合内蒙古地区草原生态系统的复杂性，牧民收入结构的多样性，以及二者之间复杂的相互耦合关系，本研究决定使用系统动力学进行建模，研究草原生态补偿标准对牧民收入的影响。

在研究系统当中各要素、各变量性质和特征的基础之上建立相关的系统动力学因果关系图，根据因果图进一步绘制流图，并设定参数和整个方程体系。在建立了内蒙古草原生态补偿标准对牧民收入的影响系统模型之后，便可以进行政策实施的模拟仿真。

6.2.1 系统动力学方法简介

系统动力学方法由美国麻省理工学院的福瑞斯特教授在1956年创建，它是根据系统内部各要素的反馈关系，研究整个系统动态行为的方法，具备定量定性结合分析的特点。具体原理是把社会中复杂的系统拆解成很多个互相影响反馈的因果关系环，利用计算机软件进行定量、仿真分析，可以通过不断调整某个要素来观察整个系统的变化。系统动力学擅长研究复杂的社会经济问题和跨领域的联动问题，被称作“政策实验室”。

6.2.2 建模目标分析

系统动力学建模的首要任务是目标分析，在整个草原生态补偿分析当中，确立目标是后续模拟仿真工作的基础。本研究将以草原生态补偿标准对牧民收入的影响机理作为研究目标，主要包括以下内容：

从宏观上分析草原生态补偿标准对于牧民收入的影响机理，从牧民收入结构入手，包括转移性收入、财产性收入、家庭经营性第三产业收入和工资性收入，建立草原生态补偿标准、禁牧意愿、草原干草产量、草原物种数量、畜牧产品质量与数量、教育支出等相关要素与牧民收入因果反馈关系，在此基础上构建系统动力学模型。

6.2.3 系统边界分析

在现实系统中，各要素和对象之间的联系错综复杂，如果为了模型的准确而把全部因素都考虑到会引入很多不重要的因素，从而使模型过于庞大。系统动力学对于系统的分析，是以系统内部各个要素之间的相互作用为基础，假定系统的外部环境变化对于系统行为本身研究不产生本质性影响，同时也不受内部因素控制，因此，确定需要纳入模型之中的对象或因素即为确定系统的边界。

本研究的建模和分析是基于草原补偿标准对于牧民收入影响模型内部，对于外部的任何影响本研究不做考虑。所以系统边界作为模型成立的必要条件主要有以下内容：

（1）本研究不考虑恶劣天气、自然灾害等不可抗力因素对牧民收入影响机理的作用；

（2）本研究不考虑其他因素对于牧民收入的影响，仅仅关注草原生态补偿标准引起的各种因素变化以及其对牧民收入的影响；

（3）草原生态补偿标准对牧民收入的影响机制是一个复杂的、连续的过程，是各个影响因素和变量相互作用的反馈模型；

（4）本研究建立的草原生态补偿标准对牧民收入的影响模型是基于内蒙古地区的。内蒙古分配生态补偿资金时根据草原情况不同和草原生产力的强弱制定差异化生态补偿标准的政策，即生态补偿资金与草原生态环境直接挂钩。

6.2.4 系统变量分析

1. 变量选取原则

草原生态经济系统是复杂系统，在构建模型时涉及大量的系统变量，为了简化模型，同时又能正确有效地反映现实系统，在变量选取时应遵循以下原则：

（1）科学性原则。变量的选择要符合现实情况，并有清晰的层次结构。

（2）系统性原则。应把草原生态补偿标准对牧民收入的影响机理视为一个系统，充分考虑多种影响路径和其中涉及的所有因素。

（3）可行性原则。选择变量时不需要把草原生态补偿标准对牧民收入影响系统全部还原，这样既不科学也不现实，要避免指标体系过于冗长复杂，要注意指标获得的可行性。

（4）准确性原则。为了模型的准确客观，要从可靠、权威的渠道获取数据，处理数据时要认真仔细，减少误差。

2. 主要变量说明

在明确了上述变量选取原则以后，对因果反馈关系中的核心变量进行选择，建模的目的是对现实系统进行有效简化，根据这一目的选取变量，从而构建一个既符合现实系统又方便进行研究的模型。

系统动力学根据变量特征通常将变量分为多种类型，主要包括状态变量、速率变量、辅助变量等，其中状态变量是决定模型复杂程度的最主要变量，本研究选取牧民纯收入和草原面积两个变量作为状态变量。速度变量包括草原干草量的增加和减少，草原物种量的增加和减少，牧民总收入和牧民成本。辅助变量包括地方旅游业收入、教育支出、草原生态补偿金额、转移性收入、财产性收入、工资性收入和家庭经营第三产业收入等。下面将就这 4 种参数做简要的说明。

（1）状态变量说明。

状态变量是描述系统模型的积累效应的变量，它能够反映物质、能量、信息等对时间的积累，其取值是系统从初始时刻物质流动或信息流动积累的结果。

（2）速率变量说明。

速率变量是描述系统模型的累积效应变化快慢的变量，它能够描述状态变量的时间变化，反映系统的变化速度或决策幅度的大小。本研究建立的系统模型中涉及的主要速率变量有以下几个：牧民总收入、牧民生产成本、草原面积。

（3）常量说明。

常量是指在研究期间变化甚微或相对不变的量，一般为系统模型中的局部目标或标准。

（4）辅助变量说明。

辅助变量是表达系统变化的中间变量。它是状态变量与速率变量的信息传递和转换的中间变量。

模型的主要变量说明见表 6－3。

表 6-3　　主要变量说明

序号	变量名称	变量类型	单位
1	INITIAL TIME = 2008	初始值变量	—
2	FINAL TIME = 2025	初始值变量	—
3	TIME STEP = 1	初始值变量	—
4	UNITS FOR TIME = YEAR	初始值变量	—
5	牧民纯收入	状态变量	元
6	草原干草产量	状态变量	万 t
7	草原物种数量	状态变量	种/m^2
8	牧民总收入	速率变量	元
9	牧民成本	速率变量	元
10	草原干草产量增长	速率变量	万 t
11	草原干草产量减少	速率变量	万 t
12	草原物种数量增长	速率变量	种/m^2
13	草原物种数量减少	速率变量	种/m^2
14	地方旅游业收入	辅助变量	亿元
15	教育支出	辅助变量	元
16	家庭经营第三产业单位时间收入	辅助变量	元
17	工资性单位时间收入	辅助变量	元
18	家庭经营第三产业收入	辅助变量	元
19	工资性收入	辅助变量	元
20	转移性收入	辅助变量	元
21	财产性收入	辅助变量	元
22	草原生态补偿金额	辅助变量	元
23	草原生态补偿标准	辅助变量	元/亩
24	标准亩系数	辅助变量	1 羊/亩
25	草原载畜能力	辅助变量	1 羊/亩

续表

序号	变量名称	变量类型	单位
26	牲畜存栏头数	辅助变量	万头
27	畜牧业收入	辅助变量	元
28	禁牧意愿	辅助变量	—
29	单位饲养成本	辅助变量	元
30	畜牧支出	辅助变量	元
31	牛肉产量	辅助变量	万 t
32	羊肉产量	辅助变量	万 t
33	牛奶产量	辅助变量	万 t
34	绵羊毛产量	辅助变量	万 t
35	山羊绒产量	辅助变量	万 t
36	山羊绒价格	辅助变量	元/500g
37	羊肉价格	辅助变量	元/500g
38	牛肉价格	辅助变量	元/500g
39	牛奶价格	辅助变量	元/500g
40	绵羊毛价格	辅助变量	元/500g

6.2.5 因果分析

因果关系图的目的是表达系统内部各要素的反馈结构，它可以将系统各要素之间直接定性的关系简洁明晰地表达出来，为接下来的系统动力学模型的构建做铺垫。因果关系图中用箭头把两个有因果联系的组成部分连接起来表示一个因果关系，箭尾的变量表示原因，箭头的变量表示结果。例如因果链 A→+B，表示 A 是原因，B 的结果，A 与 B 是同一方向的变化，即若 A 增加会导致 B 增加，或 A 减少会导致 B 也较少；因果链 A→-B 则表示 A 与 B 在相反的方向上变化，即 A 增加会导致 B 减少，A 若减少则会导致 B 增加。

根据上述分析的草原生态补偿标准对牧民收入的影响机理，即选取的变量，本研究建立了如下因果关系图，见图 6-5。

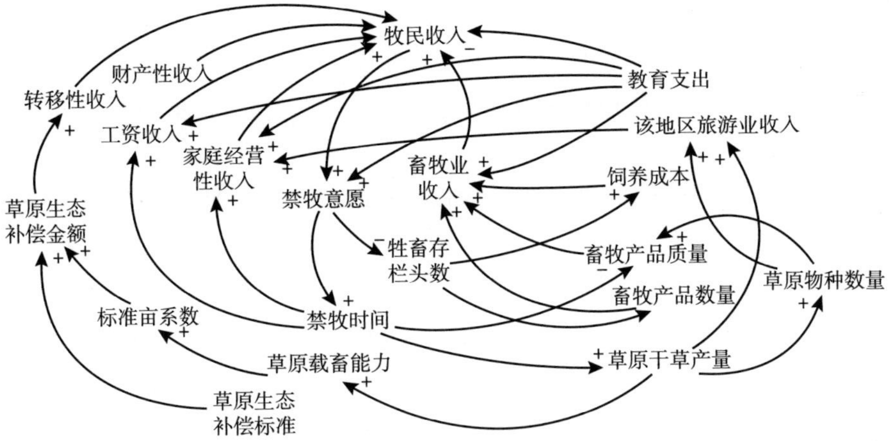

图 6－5　因果关系图

经过因果关系分析，图 6－5 包括以下主要反馈回路：

草原生态补偿标准→＋草原生态补偿金额→＋牧民转移性收入→＋牧民收入→＋禁牧意愿→＋禁牧时间→＋草原干草产量→＋草原载畜能力→＋标准亩系数→＋草原生态补偿金额

详细拆解后，图 6－5 主要包含以下几个因果关系：

（1）草原生态补偿标准→＋草原生态补偿金额→＋牧民转移性收入→＋牧民收入

（2）草原生态补偿标准→＋草原生态补偿金额→＋牧民转移性收入→＋牧民收入→＋禁牧意愿→＋禁牧时间→＋工资性收入→＋牧民收入

（3）草原生态补偿标准→＋草原生态补偿金额→＋牧民转移性收入→＋牧民收入→＋禁牧意愿→＋禁牧时间→＋家庭经营第三产业收入→＋牧民收入

（4）草原生态补偿标准→＋草原生态补偿金额→＋牧民转移性收入→＋牧民收入→＋教育支出→＋进城务工收入→＋牧民收入

（5）草原生态补偿标准→＋草原生态补偿金额→＋牧民转移性收入→＋牧民收入→＋教育支出→＋家庭经营第三产业收入→＋牧民收入

（6）草原生态补偿标准→＋草原生态补偿金额→＋牧民转移性收入→＋牧民收入→＋教育支出→＋畜牧业收入→＋牧民收入

（7）草原生态补偿标准→＋草原生态补偿金额→＋牧民转移性收入→＋牧民收入→＋教育支出→＋禁牧意愿→＋禁牧时间→＋草原干草产量→＋草

原载畜能力→+标准亩系数→+草原生态补偿金额

（8）草原生态补偿标准→+草原生态补偿金额→+牧民转移性收入→+牧民收入→+禁牧意愿→—牲畜存栏头数→+畜牧产品数量→+畜牧业收入→+牧民收入

（9）草原生态补偿标准→+草原生态补偿金额→+牧民转移性收入→+牧民收入→+禁牧意愿→+禁牧时间→+草原干草产量→+草原物种量→+畜牧产品质量→+畜牧业收入→+牧民收入

（10）草原生态补偿标准→+草原生态补偿金额→+牧民转移性收入→+牧民收入→+禁牧意愿→+禁牧时间→+草原干草产量→+草原物种量→+地方旅游业收入→+家庭经营性第三产业收入→+牧民收入

（11）草原生态补偿标准→+草原生态补偿金额→+牧民转移性收入→+牧民收入→+禁牧意愿→+禁牧时间→-畜牧产品质量→-畜牧业收入→-牧民收入

（12）草原生态补偿标准→+草原生态补偿金额→+牧民转移性收入→+牧民收入→+禁牧意愿→+牲畜存栏头数→+饲养成本→-畜牧业收入→-牧民收入

由上文的分析可知，该因果关系图中由10条正反馈回路，2条负反馈回路构成。草原生态补偿标准主要通过增加牧民转移性收入、增加其他收入的劳动时间、禁牧导致的草原生态恢复带来的附加效益和教育支出投入导致的增加劳动禀赋等来对牧民收入产生正面影响，通过禁牧产生的饲养成本增加及饲养导致的畜产品质量下降来对牧民收入产生负面的影响。

6.2.6 系统流图

相比因果分析，系统流图是一个包含多因素、多层次的复杂运动系统，表现了在草原生态和牧民收入两者间相辅相成互为因果的关系。因果关系图仅能反映草原生态补偿标准对牧民收入影响之间的基本因素的相互关系，但是不能反映不同性质的变量之间的区别。而系统流图能够反映各个变量的具体关系，能够清楚地描述速率与状态，从而给出变量之间的数量关系和变化规律。在模型边界分析、影响机理分析、因果关系分析的基础上，本研究用Vensim软件构建了系统动力学模型流图，如图6-6所示。

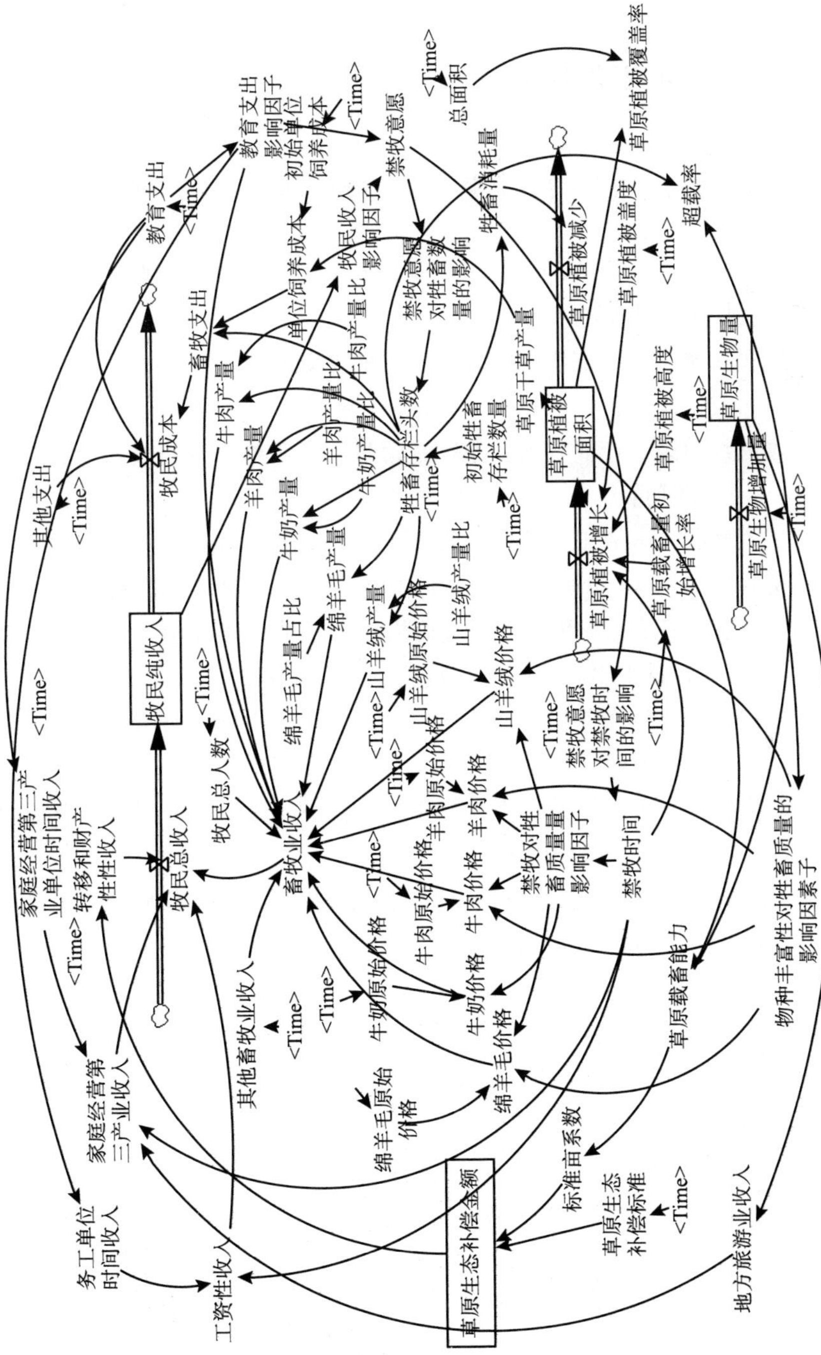

<Time>
总面积
草原植被覆盖率
禁牧意愿
教育支出影响因子
初始单位饲养成本
教育支出
单位饲养成本
牧民收入影响因子
禁牧意愿对牲畜数量的影响
牲畜消耗量
草原植被减少
草原植被盖度
超载率
畜牧支出
牧民成本
牛肉产量比
牛肉产量
羊肉产量比
羊肉产量
牛奶产量比
牛奶产量
牲畜存栏头数
初始牲畜存栏数量
草原干草产量
草原植被面积
草原植被高度
草原生物量
草原生物增加量
草原植被增长
草原载畜量初始增长率
其他支出
牧民纯收入
绵羊毛产量
绵羊毛产量占比
山羊绒产量
山羊绒产量比
山羊绒原始价格
山羊绒价格
禁牧意愿对禁牧时间的影响
禁牧时间
牧民总人数
畜牧业收入
羊肉原始价格
羊肉价格
牛肉原始价格
牛肉价格
禁牧对牲畜质量影响因子
物种丰富性对牲畜质量的影响因素子
家庭经营第三产业单位时间收入
转移和财产性收入
牧民总收入
其他畜牧业收入
牛奶原始价格
牛奶价格
绵羊毛价格
绵羊毛原始价格
草原载畜能力
标准亩系数
草原生态补偿标准
草原生态补偿金额
家庭经营第三产业收入
务工单位时间收入
工资性收入
地方旅游业收入

图 6-6　系统流图

6.2.7 模型的主要方程

（1）牧民纯收入 = Integ（牧民纯收入初始值，牧民总收入 - 牧民成本）。

（2）牧民总收入 = 家庭经营第三产业收入 + 工资性收入 + 财产和转移性收入 + 畜牧业收入 + 其他收入

（3）牧民成本 = 其他支出 + 教育支出 + 畜牧支出

（4）畜牧支出 = 单位饲养成本 × 牲畜存栏头数

（5）家庭经营第三产业收入 = 家庭经营第三产业单位时间收入 × 教育支出影响因子 × 禁牧时间

（6）工资性收入 = 务工单位时间收入 × 教育支出影响因子 × 禁牧时间

（7）畜牧业收入 =（牛奶产量 × 牛奶价格 + 羊肉产量 × 羊肉价格 + 牛肉产量 × 牛肉价格 + 绵羊毛产量 × 绵羊毛价格 + 山羊绒产量 × 山羊绒价格 + 其他畜牧业收入）× 教育支出影响因子/（牧民总人数 × 10^4）

（8）牛肉价格 = 牛肉原始价格 × 禁牧对畜牧产品质量影响因子 × 草原物种丰富性对畜牧产品质量影响因子

（9）羊肉价格 = 羊肉原始价格 × 禁牧对畜牧产品质量影响因子 × 草原物种丰富性对畜牧产品质量影响因子

（10）牛奶价格 = 牛奶原始价格 × 禁牧对畜牧产品质量影响因子 × 草原物种丰富性对畜牧产品质量影响因子

（11）绵羊毛价格 = 绵羊毛原始价格 × 禁牧对畜牧产品质量影响因子 × 草原物种丰富性对畜牧产品质量影响因子

（12）山羊绒价格 = 山羊绒原始价格 × 禁牧对畜牧产品质量影响因子 × 草原物种丰富性对畜牧产品质量影响因子

（13）牛肉产量 = 牲畜存栏头数 × 牛肉产量比

（14）羊肉产量 = 牲畜存栏头数 × 羊肉产量比

（15）牛奶产量 = 牲畜存栏头数 × 牛奶产量比

（16）绵羊毛产量 = 牲畜存栏头数 × 绵羊毛产量比

（17）山羊绒产量 = 牲畜存栏头数 × 山羊绒产量比

（18）禁牧意愿 = 牧民收入 × 牧民收入影响因子 × 教育支出影响因子

（19）禁牧时间 = 禁牧意愿 × 禁牧意愿对禁牧时间的影响

（20）草原干草产量 = Integ（草原干草产量初始值，草原面积增长 - 草原面积减少）

（21）草原植被增长 = 草原面积 × 草原载畜量初始增长率 × 禁牧时间

（22）牲畜存栏头数 = 初始牲畜存栏数量 × 禁牧意愿对牲畜存栏量的影响因子

（23）标准亩系数 = 适宜载畜量/草原面积

（24）草原生态补偿金额 = 草原生态补偿标准 × 标准亩系数

（25）地方旅游业收入 =（草原干草产量 × 草原干草产量对旅游业影响因子 + 草原物种数量 × 草原物种数量对旅游业影响因子）× 原始旅游业收入

（26）适宜载畜量 = 草原面积 × 产草量 ÷730 公斤（一个羊单位全年饲草量）

本节利用系统动力学方法，根据上一节“内蒙古草原生态补偿标准对牧民收入的影响机理”进行了建模，首先对建模的目标进行阐述，对模型的边界进行了界定，其次选取了模型的变量，在此基础上分析了模型的因果关系反馈机制，利用 VENSIM 软件了绘制出了模型的系统流图，并给出了主要方程式。

6.3 模型的应用

本节通过内蒙古草原补偿标准对牧民收入影响的系统动力学模型，将锡林郭勒盟典型草原地区作为案例进行模型的应用。首先进行了边界检验、灵敏度检验和历史检验，其次输出了模型的未来预测结果，最后设计了政策模拟方案，对模拟的结果进行对比，分析了不同的草原生态补偿标准对牧民收入的影响。

6.3.1 锡林郭勒盟的概况

1. 自然环境

锡林郭勒草原位于内蒙古自治区中东部，地处内蒙古锡林郭勒盟境内，是我国的典型草原之一，可利用优质天然草场面积达 18 万 km^2，占内蒙古自治区的 1/5。

该草原地处东经 115°13′～117°06′，北纬 43°02′～44°52′，东邻大兴安岭，西连乌兰察布高原，南与燕山北部山区毗邻，北与蒙古人民共和国接壤，距北京 180km，距呼和浩特市 620km。地形以平原为主，属于中温带半干旱大陆性季风气候。

锡林郭勒草原自然资源丰富，草原类型齐全，动植物种类较多，是世界四大草原之一。

2. 社会经济情况

锡林郭勒盟现辖 9 个旗、2 个市、1 个县、1 个区、34 个镇、21 个苏木、3 个乡。人口 104.6 万人，其中城镇人口占比 63.87%（见图 6－7）。

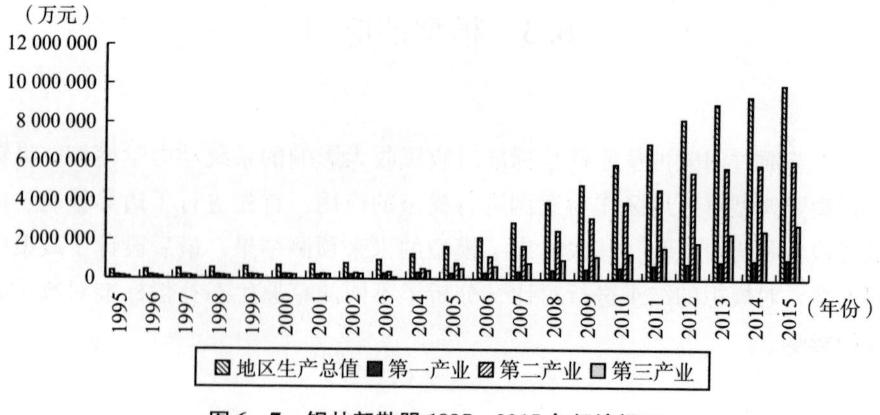

图 6－7 锡林郭勒盟 1995～2015 年经济概况

资料来源：由《内蒙古统计年鉴》（1995～2015）整理所得。

由图6－7可以看到，近二十年锡林郭勒盟经济发展迅速，地区生产总值增加了25倍。2005年后经济发展迅速，进入腾飞阶段，2005～2010年GDP增速均为20%以上，2013年后经济发展速度放缓保持在7%左右。产业结构方面，第三产业始终占比较稳定，在20%～30%之间浮动，第一产业和第二产业交替为主导地位。1995～2001年，第一产业占比在30%以上，2005年左右开始第二产业占主导地位，占总比重的50%以上，进入2009年后第二产业产值保持在总产值的60%以上。

6.3.2 模型的基本假设和数据输入

1. 模型的基本假设

（1）假设锡林郭勒盟牧民的收入由转移性收入、财产性收入、家庭经营性第三产业收入和工资性构成，不考虑其他收入。

（2）假设锡林郭勒盟牧民的转移性收入即为草原生态补偿资金。

（3）假设草原生态补偿金由禁牧补助6元/亩和草畜平衡奖励1.5元/亩两种补贴构成。

（4）假设锡林郭勒盟牧民的主要畜牧产品为牛、羊、牛奶、山羊绒和绵羊毛。不考虑其他畜牧产品。

2. 模型数据输入

通过将模型中的基本参数输入vensim软件中，点击运行进行仿真模拟。其中，本模型涉及的基本参数值通过历史统计资料，如《内蒙古统计年鉴（2008～2015）》、《内蒙古自治区国民经济和社会发展统计公报（2008～2015）》、内蒙古物价局官方网站等进行获取，最终模型和相关参数的确定通过讨论及反复调试取得，具体参数值如表6－4所示。

表 6-4　　　　主要参数值

序号	参数名称	参数值	序号	参数名称	参数值
1	锡林郭勒盟牧民人均可支配收入	8 447.750	21	牛产量/t	102 244.125
2	工资性收入	1 526.600	22	羊产量/t	122 450.000
3	工资性收入（全内蒙古）	1 127.958	23	奶产量/t	497 715.250
4	经营性收入	5 688.943	24	绵羊毛产量/t	10 539.375
5	经营性牧业收入	3 801.668	25	羊绒产量/t	379.375
6	经营性牧业收入（全内蒙古）	4 996.853	26	牛价格	23.090
7	经营性第二产业收入	12.000	27	羊价格（元/500g）	25.734
8	经营性第三产业	523.333	28	奶价格	2.642
9	经营性第三产业收入（全内蒙古）	489.396	29	绵羊毛价格	103.500
10	财产净收入	331.674	30	羊绒价格	102.686
11	转移净收入	1 947.852	31	草原盖度	0.407
12	财产+转移收入（全内蒙古）	2 243.283	32	草原高度（全内蒙古平均）	25.090
13	人均消费支出	7 030.398	33	草地面积（万亩）	28 958.030
14	牧民教育支出	277.625	34	草原干草产量（kg/亩）	58.315
15	牧民教育支出（全内蒙古）	814.910	35	草原干草总产量（万 t 干草）	1 699.935
16	全内蒙古牧民可支配收入	7 340.625	36	冷季总饲草储量（万 t 干草）	441.400
17	牧民畜牧业支出	4 942.999	37	适宜载畜量（万绵羊）	1 047.870
18	牧民畜牧业在支出（全内蒙古）	4 278.763	38	超载率	0.183
19	牧民畜牧业在支出（全内蒙古）	4 278.763	39	物种多样性（种/m^2）	6.985
20	全内蒙古牧民可支配收入	7 340.625	40	旅游业收入（亿元）	145.934

6.3.3 模型的检验

系统动力学模型仿真并不是将程序输入软件直接点击运行即可，必须要先对模型进行一系列的检验，检验通过后才可进行仿真分析。系统动力学 VENSIM 软件的检验方法有：

（1）运行检验。建立模型后，使用软件的模拟检测和单位检测功能来检验方程是否能顺利运行，主要就是检验参数是否正确。

（2）灵敏度检验。灵敏度检验是通过对参数进行改变，观察其对模型行为的影响来判断模型的稳定性和参数的影响程度。

（3）历史检验。把模型仿真出来的结果与历史数据进行对比，观察其误差率来判断模型的可信度。在现实中很少有一次就模拟成功的案例，如果发现仿真结果与实际数据有差距，应反思模型的流程，进行反复的修改和调试，直到通过检验。

鉴于统计资料，本研究采用运行检验、灵敏度检验和历史检验。选取牧民纯收入、畜牧业支出、草原干草产量和草原生物量进行历史检验。经过对软件的操作直到模型通过了运行检验，接下来主要介绍灵敏度检验和历史检验。

1. 参数的灵敏度检验

模型灵敏度检验的结果如表 6 -5 所示。从结果上看，无论总收入增长发生何种突变，纯收入均没有太大差异，只是数值有差别，形状都与原始状态相近，对其他参数测试亦如此，可以说明模型行为不会受到参数变化的太大冲击。

表 6 -5　　测试函数检验

测试函数	方程
跃阶函数	TEST = STEP(2 000，20 000)
脉冲函数	TEST = PULSE TRAIN(2 018，2 000，5 000，2 020) ×1 000
正态分布函数	TEST = RANOM NORMAL(0，1，0，0.5005，0) ×1 000

2. 模型的历史检验

为了保证模型的有效性，本研究选取牧民纯收入、畜牧支出和草原干草产量和草原生物量进行历史数据检验。模型以2008年为基年，对2008~2014年的历史数据进行历史检验，观察仿真值和实际值之间的误差率。其中变量实际值的数据来自《内蒙古统计年鉴》与《内蒙古草原监测报告》（见图6-8~图6-11、表6-6~表6-9）。

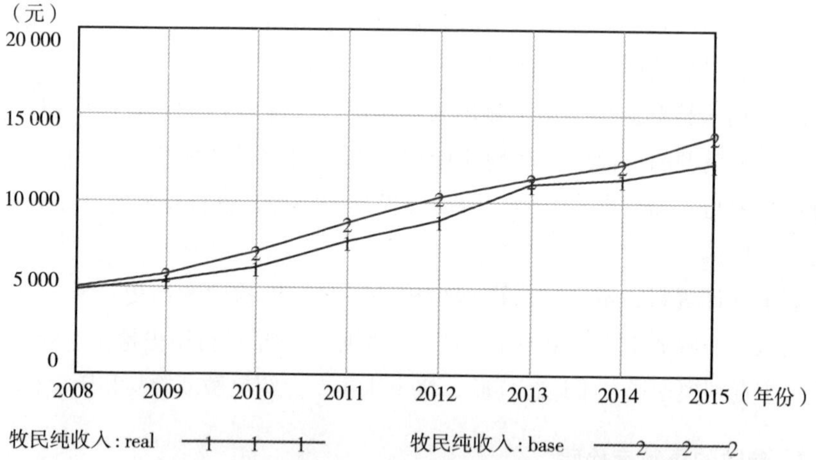

图6-8 牧民纯收入的模拟值与实际值的图像比较

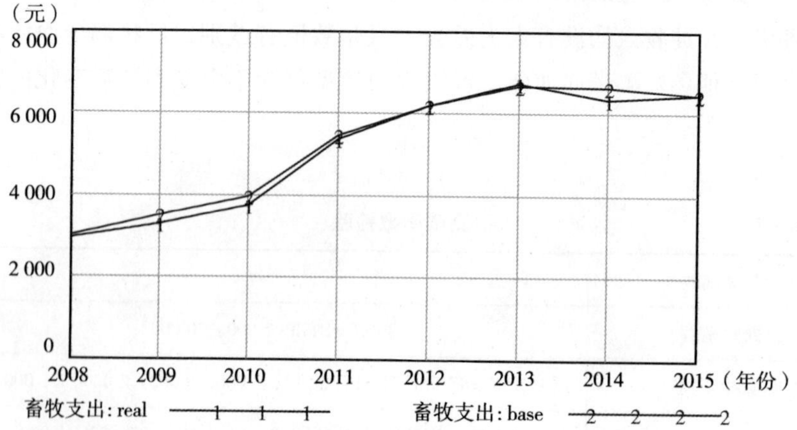

图6-9 牧民畜牧业支出的模拟值与实际值的线性比较

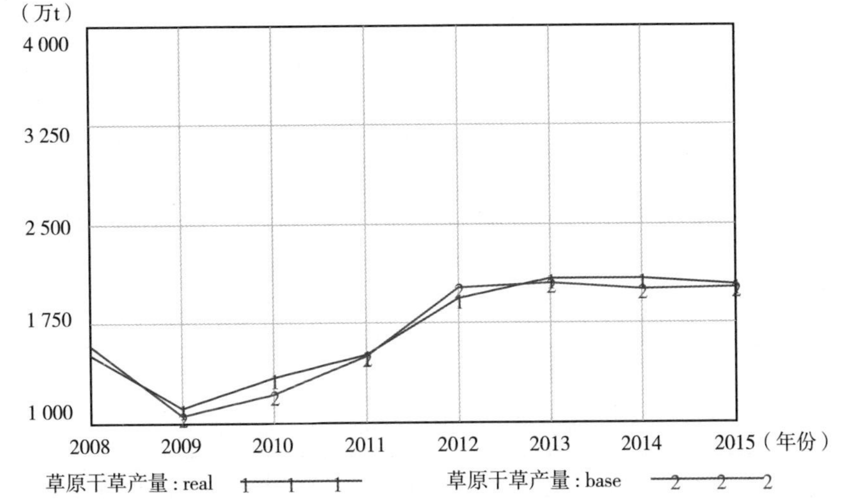

图6－10　草原干草产量的模拟值与实际值的线性比较

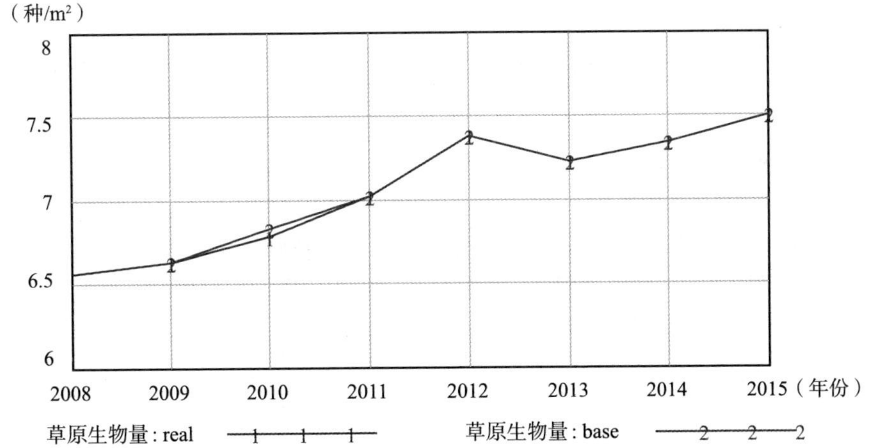

图6－11　草原生物量的模拟值与实际值的线性比较

表6－6　牧民纯收入的模拟值与实际值的数值比较

牧民纯收入	2008年	2009年	2010年	2011年	2012年	2013年	2014年	2015年
实际值（元）	4 870	5 417	6 153	7 639	8 925	11 050	11 306	12 222
模拟值（元）	5 012.471	5 500.060	6 054.120	8 592.584	9 034.619	11 140.192	11 381.980	12 660.380
误差率（%）	2.90	1.50	－1.60	－0.50	1.20	0.80	0.70	3.60

表 6-7　　牧民畜牧业支出的模拟值与实际值的数值比较

畜牧支出	2008 年	2009 年	2010 年	2011 年	2012 年	2013 年	2014 年	2015 年
实际值（元）	2 958. 724	3 278. 590	3 748. 612	5 366. 265	6 197. 428	6 721. 783	6 329. 592	6 462. 230
模拟值（元）	3 009. 151	3 494. 720	3 756. 154	5 437. 898	6 195. 221	6 713. 570	6 646. 342	6 442. 645
误差率（%）	1. 70	3. 40	0. 20	1. 30	0. 00	-0. 10	5. 00	-0. 30

表 6-8　　草原干草产量的模拟值与实际值的数值比较

草原干草产量	2008 年	2009 年	2010 年	2011 年	2012 年	2013 年	2014 年	2015 年
实际值（万吨）	1 505. 650	1 112. 780	1 340. 620	1 508. 370	1 931. 500	2 079. 370	2 079. 480	2 041. 710
模拟值（万吨）	1 581. 833	1 046. 508	1 357. 071	1 497. 013	2 012. 262	2 084. 653	2 001. 083	2 009. 489
误差率（%）	0. 39	3. 33	1. 20	-0. 75	4. 18	0. 30	-3. 77	-1. 58

表 6-9　　草原生物量的模拟值与实际值的数值比较

草原生物量	2008 年	2009 年	2010 年	2011 年	2012 年	2013 年	2014 年	2015 年
实际值（种/m^2）	6. 560	6. 640	6. 780	7. 010	7. 390	7. 225	7. 340	7. 500
模拟值（种/m^2）	6. 560	6. 630	6. 790	7. 020	7. 380	7. 230	7. 342	7. 500
误差率（%）	0. 00	-0. 20	0. 10	0. 10	-0. 10	0. 20	0. 10	0. 00

由上述这些表和图可以看出，尽管模型的行为曲线在振幅大小上有所差异，但是模型的行为变化趋势基本是是一致的，没有出现较大波动，模型中各重要参量模拟值与真实值相差不大，误差率很低，因此模型通过了参数检验，说明模型是有效的。

6.3.4 模型的仿真预测及分析

在模型通过了上述检验后就可以对其进行基本模拟。模型运行期间为2008~2025年，仿真步长为1，选取的预测变量为牧民纯收入、畜牧业收入、标准亩系数、草原植被盖度、超载率和草原生物量。模型数据主要来源于《内蒙古统率计年鉴》《内蒙古草原监测报告》和中国经济社会发展统计数据库。模型仿真的主要结果如图6-12~图6-17所示。

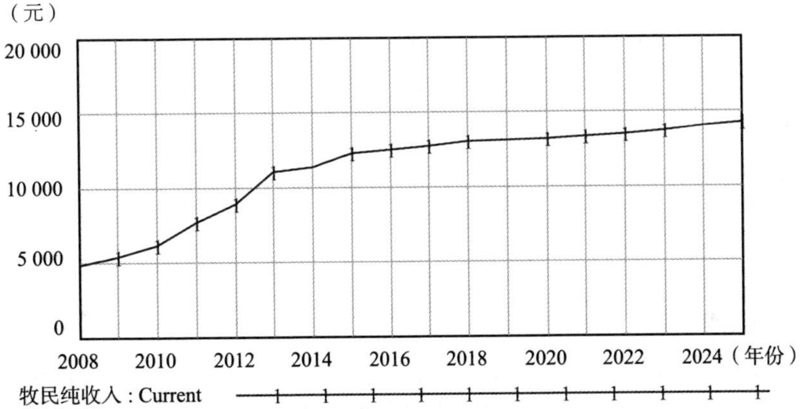

图6-12 牧民纯收入的预测值

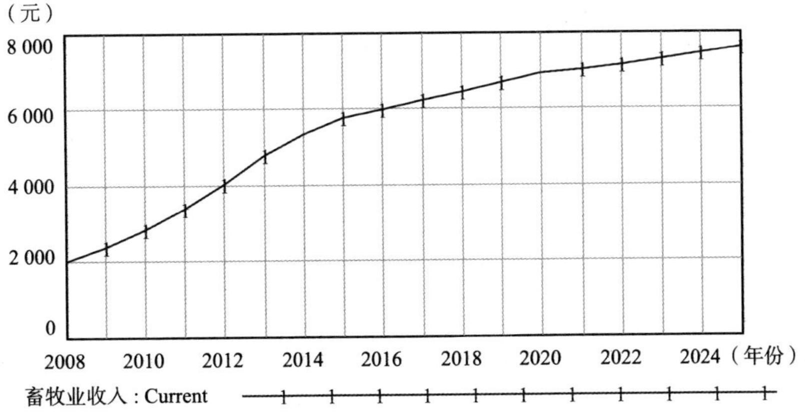

图6-13 畜牧业收入的预测值

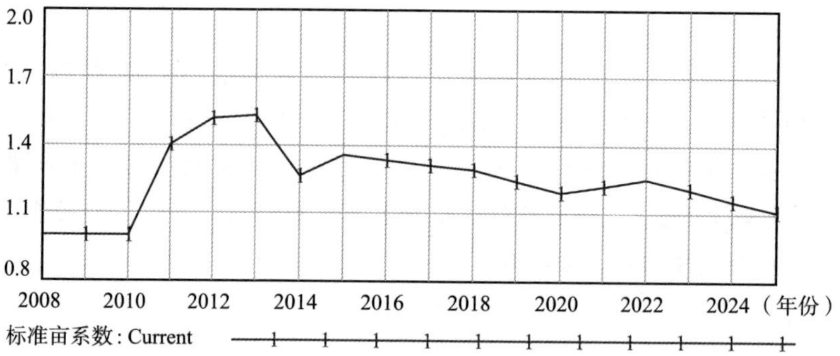

图 6－14　标准亩系数的预测值

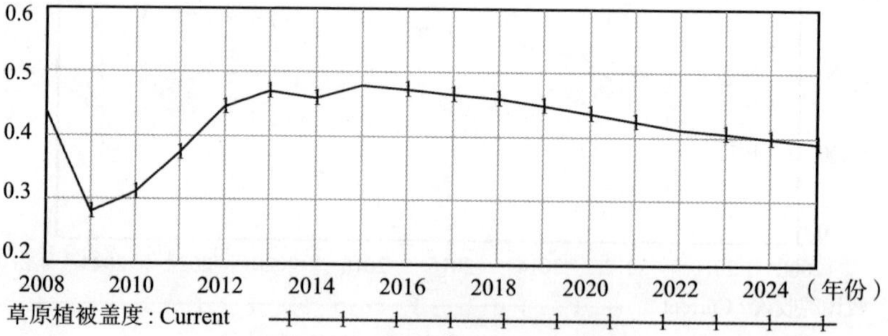

图 6－15　草原植被盖度的预测值

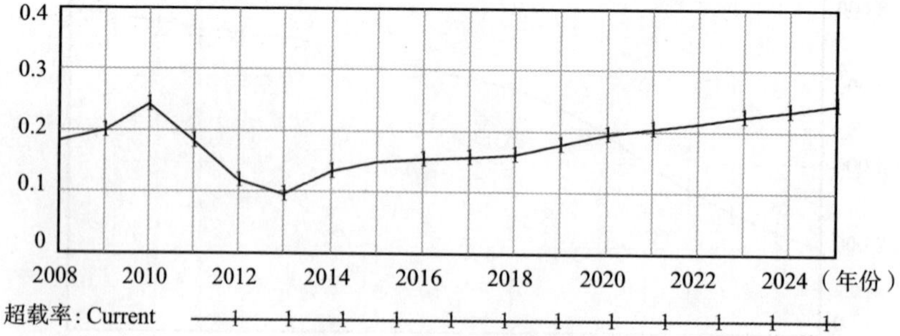

图 6－16　超载率的预测值

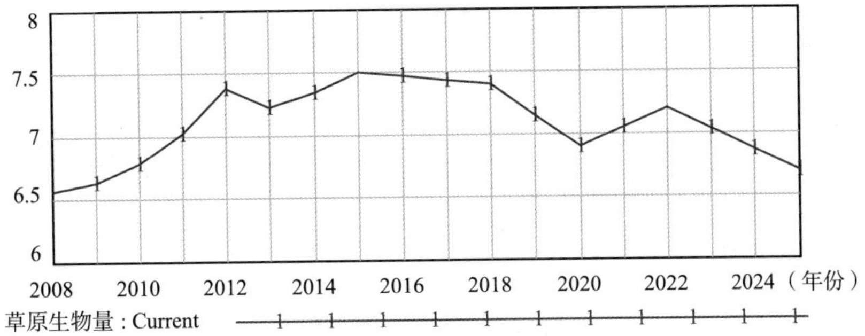

图 6－17　草原生物量的预测值

通过模型的预测可以看到，在当前的补偿标准下，牧民纯收入 2016～2024 年的增长速度较 2008～2016 年较慢，而草原植被覆盖率以非常低的速率缓慢增长。说明在当前补偿标准下，牧民收入增速放慢，牧民收入依然主要依靠畜牧业，生态方面超载率又逐渐上升，草原植被覆盖率逐渐下降，草原生态会逐渐恶化，草原载畜能力也随之下降，随之而来的标准亩系数也会逐渐降低，因此草原补偿资金下降。会出现生态恶化—牧民收入下降—生态恶化的恶性循环。因此，当前草原生态补偿标准略低，应适当调高。

6.3.5　模型的政策模拟与结果分析

1. 模型的政策模拟

系统动力学的优势在于解决战略决策和政策效果等问题，被称为“政策模拟室”。本研究以恢复草原生态环境的同时改善内蒙古牧民收入为目的，选取内蒙古草原生态补偿标准为参数，对模型进行政策仿真。为了便于分析参数变动对牧民收入的影响，在对系统模型进行政策模拟时设定参数变化的一定幅度来考察该参数变化浮动对牧民收入的影响程度，并以此为依据找出为提高内蒙古牧民收入和改善草原生态的补偿标准。经反复的仿真运行，本研究设定了 3 个方案，如表 6－10 所示。

表 6-10　　方案模拟

方案	方案一	方案二	方案三
草草原生态补偿标准（元/亩）	5.5	15.2	27.4

2. 结果分析

（1）各方案结果对比分析。

图 6-18 为设计的四个方案的补偿标准的对比图，以现行补偿标准方案为基准。方案一比当前现实中的补偿标准略低，方案二为较当前补偿标准略高，方案三较当前补偿标准高出很多。

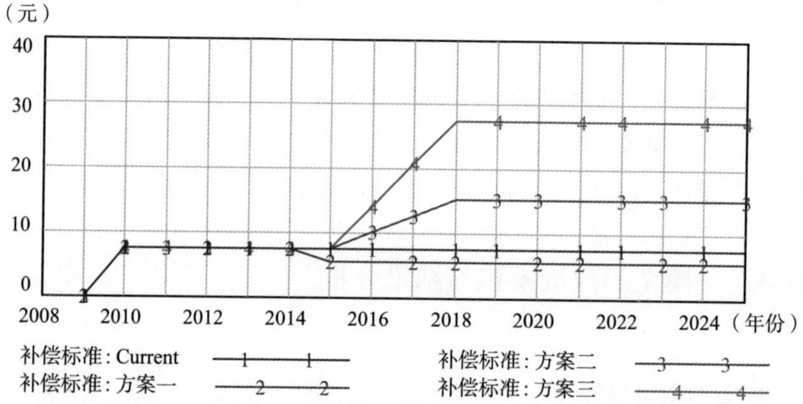

图 6-18　补偿标准的仿真预测与各方案情景模拟对比图

根据模拟结果显示，牧民收入的情况如图 6-19 所示，方案一补偿标准调低后的牧民收入水平最低，并呈逐年递减的趋势，说明如果补偿标准调低，牧民的收入会出现负增长。方案二补偿标准为 15.2 元时，可以看到牧民收入会比基线高，也就是比现实中当前的牧民收入水平高，而且末端呈现上扬趋势，增长率在后期较快，并在 2020 年达到 17 542 元，达到了十三五规划中人民收入较 2010 年翻一番、牧民收入提高 9% 的目标。方案三当补偿标准为 27.4 元，牧民收入水平最高，达到了 42 359 元，接近了城镇居民水平。

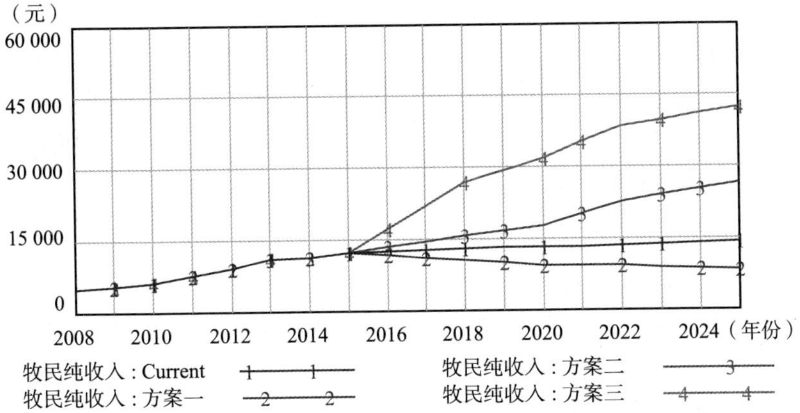

图 6－19　牧民纯收入的仿真预测与各方案情景模拟对比图

根据模拟结果分析，方案一的超载率在逐步下降，在 2020 年后又呈现上升趋势，并超过了在实施草原生态补偿政策之前的超载率。这说明在方案一的情况下，超载率上升，牧民收入降低所以更加依赖草原。方案二显示在补偿标准为 15. 2 元时，超载率呈现下降趋势，在 2024 年达到 5% 左右。方案三显示当补偿标准为 27. 4 元时，超载率最低，也呈下降趋势，2025 年达到 1%，超载现象几乎消失（见图 6－20）。

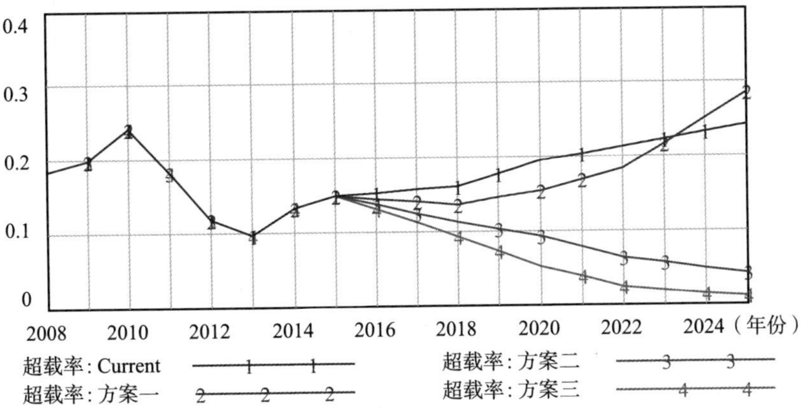

图 6－20　超载率的仿真预测与各方案情景模拟对比图

根据模拟结果显示，方案一当补偿标准为 5. 5 元时，锡林郭勒盟草原的植被覆盖率最低，并呈下降趋势，在 2025 年时几乎回落到草原生态补偿政策实施之前的水平。方案二当补偿标准为 15.2 元时，草原植被覆盖度呈现上升趋势。在 2020 年达到 55.2%，在 2025 年达到 63.45%。方案三显示当补偿标准为 27.4 元时，锡林郭勒盟草原的植被覆盖度呈较明显的上升趋势，在 2018 年达到 58%，在 2020 年达到 63%，之后开始下降趋势，2022 年草原植被覆盖率下降到 59%，2025 年达到 54.9%。

可以看到方案三的草原盖度从 2020 年开始呈下降趋势（见图 6－21），分析是由于禁牧对于草原生态环境的影响，在短期之内禁牧会对草原生态产生显著的正面影响，但长期的禁牧对于草原生态会产生负面影响，因为草原生态系统是一个完整的生物链。在方案三中，由于补偿标准高，牧民的禁牧意愿很强，超载率为 1% 以下，非常低，所以导致草原生态呈负面的发展态势。而在方案二的补偿标准下，牧民的禁牧意愿较强，超载率 5% 左右，仍会有放牧的行为存在，这在草原能够承受的范围之内，且对草原生态的恢复有益。因此方案二的标准更适宜草原生态的恢复。

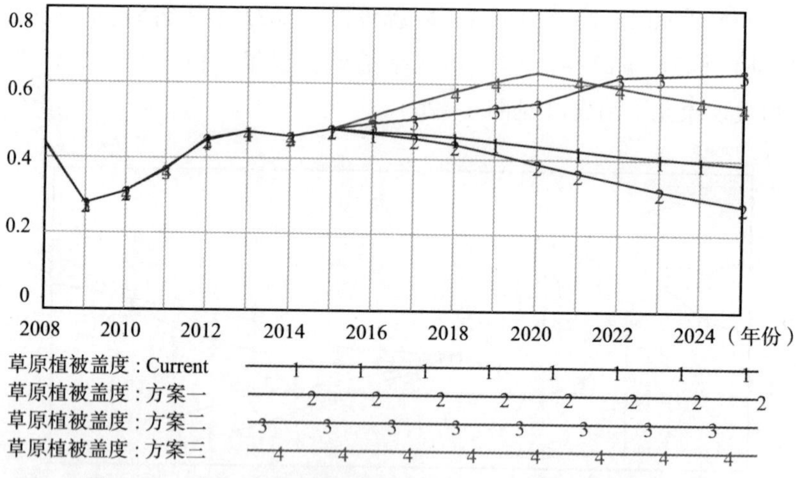

图 6－21　草原植被高度的仿真预测与各方案情景模拟对比图

根据模拟的结果可以看到，在当前的预测情况下，草原生物数量与 2015 年相比基本持平，呈缓慢的上升趋势（见图 6－22）。2015 年锡林郭勒盟的草原生物量为 7.5 种/m^2，根据模拟在 2020 年达到 6.9 种/m^2，在 2025 年达到 6.7 种/m^2，十年内下降了 10.6%。可见当前的补偿标准略低，会使得草原生物数量逐年下降。在方案一的补偿标准下，草原生物数量呈明显下降趋势，2025 年锡林郭勒盟的草原生物数量为 5.6 种/m^2，与 2015 年相比下降了 25.3%，并且比 2008 年的水平还要低，可见方案一的补偿标准会使草原生物量锐减。在方案二的补偿标准下，根据模型的模拟结果，草原生物数量呈上升态势，2015 年为 7.5 种/m^2，2020 年上升到 13.6 种/m^2，2025 年上升到 18.5 种/m^2，十年内上升了 146%，可见在补偿标准为 15.2 元/亩，草原生物数量会明显上升，说明草原生态系统恢复得较好。在方案三的补偿标准下，草原生物数量到 2020 年一直是上升趋势，从 2015 年 7.5 种/m^2 上升到 2020 年的 14.3%，从 2020 年开始下降，到 2025 年为 12.36%。可见在补偿标准为 27.4 元/亩时，草原生物数量先升后降呈倒“U”形，说明草原生态系统呈先恢复后衰弱的趋势。

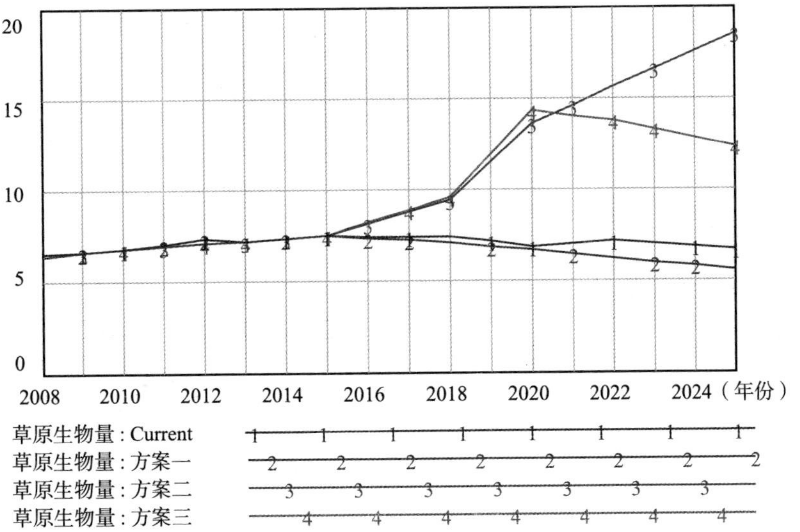

图 6－22　草原生物量的仿真预测与各方案情景模拟对比图

根据上面的分析可以知道，标准亩系数是一个地区草原载畜能力的一个数字化的体现。根据模拟的结果可以看到，现行补偿标准方案的模拟结果显示，标准亩系数与 2015 年相比基本持平，呈非常缓慢的下降趋势，2015 年锡林郭勒盟的标准亩系数为 1.36，根据模拟在 2020 年达到 1.19，在 2025 年达到 1.11，十年内下降了 0.25。可见当前的补偿标准略低，会使得草原载畜能力逐年下降。在方案一的补偿标准下，标准亩系数呈明显下降趋势，2025年锡林郭勒盟的标准亩系数为0.6，与2015年相比下降了56%，可见方案一的补偿标准会使草原载畜能力衰退严重。在方案二的补偿标准下，根据模型的模拟结果，标准亩系数呈上升态势，2015年为1.36，2020年上升到1.82，2025年上升到2.93，十年内上升了115%。在方案三的补偿标准下，标准亩系数到2020年一直是上升趋势，从2015年1.36上升到2020年的2.12，从2020年开始下降，到2025年为1.56。可见在补偿标准为27.4元/亩时，牧民的超载率极低，草原载畜能力先升后降呈倒“U”形（见图6－23）。

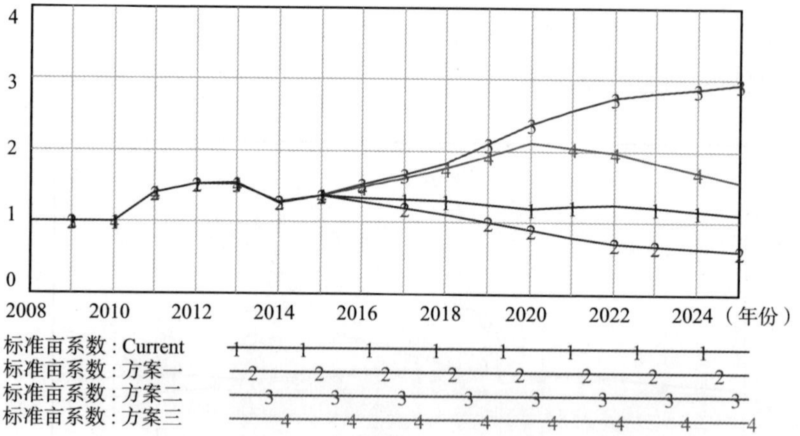

图6－23　标准亩系数的仿真预测与各方案情景模拟对比图

综上所述，当草原生态补偿标准比当前水平低时，锡林郭勒盟牧民的收入水平下降，收入结构主要来源与畜牧业，导致超载率上升，从而使草原生态恶化，草原植被覆盖率、标准亩系数（草原载畜能力）和草原生物量均呈下明显降趋势，并下降到生态补偿政策实施之前的生态状况，这又会加重牧民收入下降的趋势，产生恶性循环。当草原生态补偿标准在当前水平调高至15.2元时，锡林郭勒盟的牧民收入上升，超载率下降，草原植被覆盖度、草原生物数量和标准亩系数（草原载畜能力）均上升，达到内蒙古指定的发展目标，所以方案二为较为理想的情况。当草原生态补偿标准调高至27.4元时，牧民收入达到了城镇居民的水平，由于牧民的禁牧意愿极高，放牧行为几乎消失，长期的禁牧导致了草原生态水平开始衰弱。这使得草原生态补偿机制仅仅实现了牧民收入的提高，而没有实现草原生态环境的良性发展。

因此，较适宜锡林郭勒盟的草原生态补偿标准为 15.2 元/亩。

（2）方案一的结果分析。

根据模拟的结果对比分析可以看出在方案一的情况下，牧民收入的主要来源依然是畜牧业收入，畜牧业收入占其收入比重的60%以上（见图6－24）。此处的畜牧业收入为纯收入，与畜牧业成本对比可以看到，畜牧业成本由过去的成本大于纯收入转变成成本低于纯收入，这意味着随着牧民超载率提高，由饲养半饲养的畜牧业方式所产生的畜牧业成本大大降低。也说明了牧民主要的畜牧成本来自粮草和饲料。

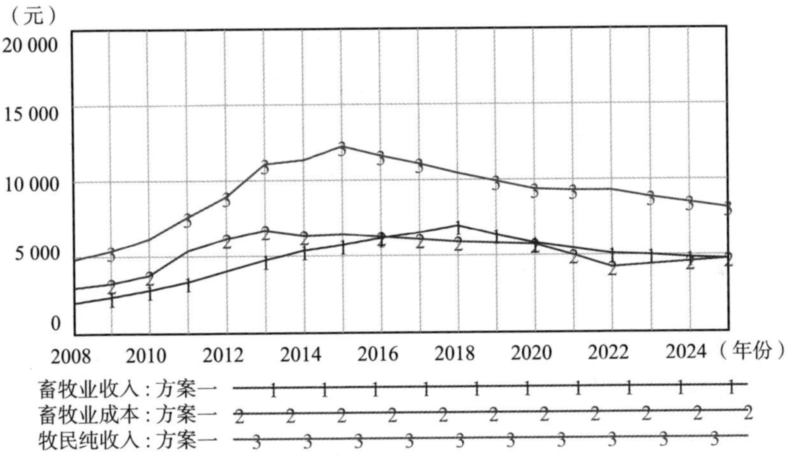

图 6－24　方案一的牧民收入结构

根据模拟结果的对比观察，超载率与草原植被盖度呈反向相关关系，说明超载是造成草原退化的主要原因。随着方案一中草原生态补偿标准的下降，牧民的超载率逐渐上升，说明草原生态补偿资金不足以满足牧民的生产生活需要，牧民不得不通过超载来维持生计，在这种情况下，草原植被盖度和代表草原载畜能力的标准亩系数均下降，说明如果草原生态补偿标准降低，草原生态环境将会出现恶化。随着标准亩系数的降低，牧民的生态补偿资金也会越来越少，当牧民收入减少时，超载也会使草原更加恶化。从而出现生态和经济互相影响的恶性循环（见图 6－25）。

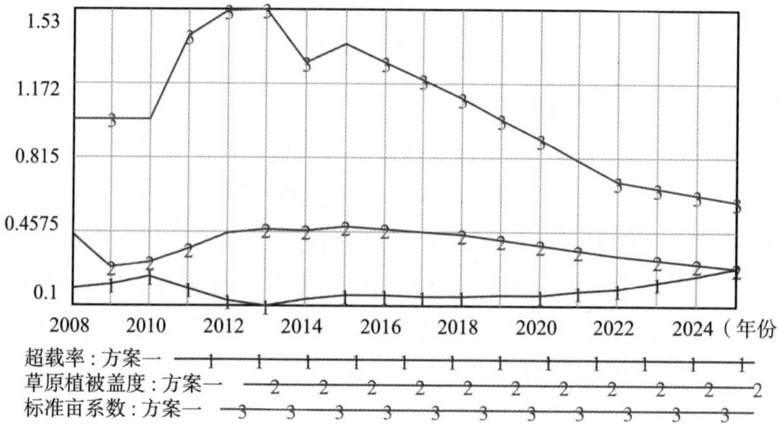

图 6-25　方案一的草原生态情况

根据模拟结果的对比分析，可以看出锡林郭勒盟教育支出占收入比重非常低，且随着纯收入的降低而降低（见图 6-26）。

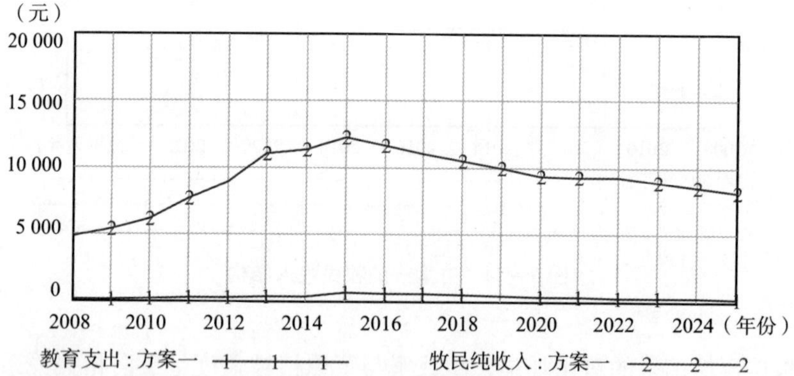

图 6-26　方案一的教育支出对收入的影响

综合分析，在方案一的情况下，当草原生态补偿标准下降到 5.5 元/亩时，牧民的收入会急剧下降，畜牧业收入逐渐下滑，但依然是收入的主要来源，占其收入比重的60%以上。而畜牧业成本降低，这意味着随着牧民超载率提高，由饲养半饲养的畜牧业方式所产生的畜牧业成本大大降低，也说明了牧民的主要成本来自粮草和饲料。草原生态方面，草原植被盖度和草原载畜能力均下降，到 2025 年均低于 2008 年未实行草原生态补奖政策之前的水平，说明草原生态恶化严重。如果草原补偿标准降低，那么牧民收入和草原生态会同时恶化，并且由于它们之间相互影响关系，会出现恶性循环的情况。因此，不建议调低草原生态补偿的标准。

（3）方案二的结果分析。

根据模拟的结果对比分析，可以看出在方案二的情况下，畜牧业收入逐步提高最后保持平稳，实施草原生态补奖政策前 2008 年、2009 年畜牧业收入的比重 40.76% 逐步上升至 2018 年的 50.04% 后，开始下降，到 2025 年达到 36.17%，主要是由于环境和培育技术的进步，牧民收入中畜牧业收入逐渐上升而后进入较为平稳状态。而牧民收入逐渐上升，这说明牧民的收入结构逐渐从单纯地依赖畜牧业收入，转变成畜牧业为基础，第二、第三产业收入为辅助的多元化收入结构。在方案二的补偿标准下，牧区的产业结构实现了转型升级，牧民收入实现了多元化（见图 6-27）。

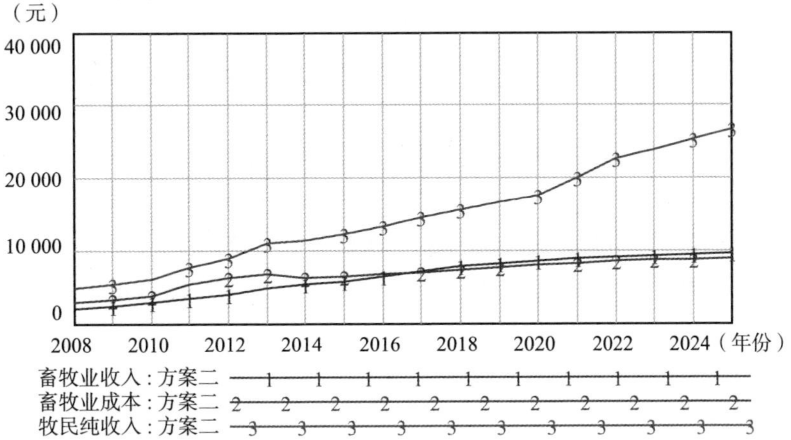

图 6-27　方案二的牧民收入结构

根据模拟结果的对比观察，随着方案二中草原生态补偿标准的提高（见图 6-28），牧民的超载率逐渐下降，2015 年锡林郭勒盟的超载率为 14.9%，在 2020 年降到 9.23%，到 2025 年将下降到 4.22%。说明草原生态补偿资金可以满足牧民的生产生活需要，牧民不再需要通过超载来维持生计。随着超载率的降低，反映草原生态状况的草原植被盖度和代表草原载畜能力的标准亩系数都出现上升，这说明如果草原生态补偿标准适度提高，草原生态环境将会出现恢复。由于内蒙古草原生态补偿资金是根据各地区的标准亩系数进行再分配，所以方案二中随着标准亩系数的提高，牧民的草原生态补偿资金也会逐步增加，当牧民收入提高时，超载现象会更加减少，从而生态和经济互动进入良性循环。

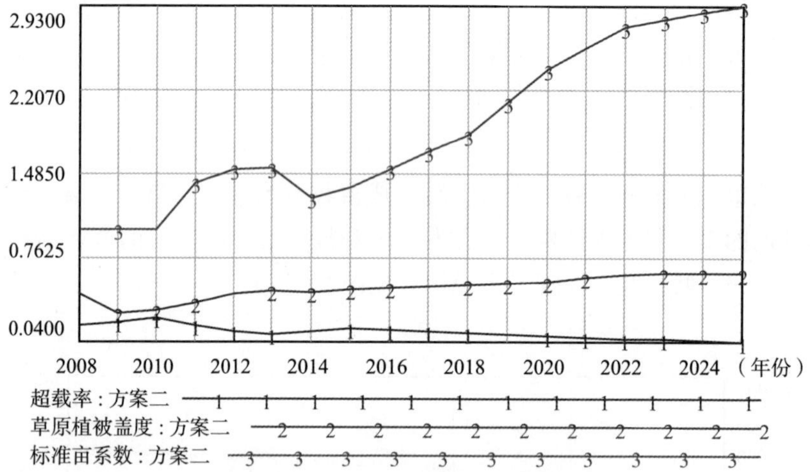

图 6－28　方案二的草原生态情况

通过模拟对比图 6－29 可以看出，教育支出随着牧民的收入增加而提高。到 2025 年上升至平均每人每年 4 185 元。因此在方案二的情境下，教育支出与牧民收入产生了相互促进的关系。

在方案二的情况下，当草原生态补偿标准上升到 15. 2 元/亩时，牧民的收入提高，并且增长率逐年增高，并在 2020 年达到政策预期的目标。其中，畜牧业收入比重逐渐下将，占总收入的 40% 左右。草原生态方面，随着牧民收入水平的提高，超载率逐渐下降，草原植被盖度和草原载畜能力均提升，说明草原生态恢复得较好。也就是说，如果草原生态补偿标准适度提高，那么牧民收入和草原生态会同时改善，并且由于它们之间的相互影响会使草原生态经济系统进入良性循环阶段。因此，适当提高草原生态补偿标准会带来较为理想的效果。

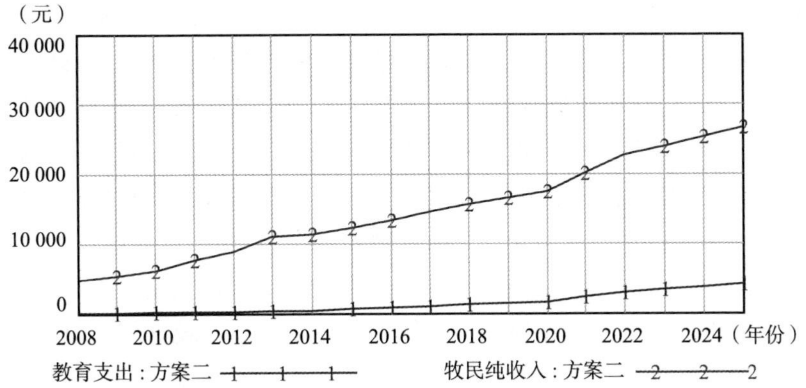

图 6－29　方案二的教育支出对收入的影响

（4）方案三的结果分析。

根据方案三模拟的结果可以看出：在方案三的情况下，当草原生态补偿标准提高到 27.4 元时，牧民纯收入水平上升，2015 年的牧民收入是 12 222 元，2018 年为 26 754 元，2025 年达到 42 359 元（见图 6－30）。而畜牧业收入逐渐下降，主要是由于随着牧民收入的提高和其他就业方式的拓展，以及由于教育支出的增加而产生了其他劳动时间的单位收入提高，因此牧民不再从事高投入低产出的畜牧业劳动，到了 2025 年很多真正意义上的“牧民”将会消失。

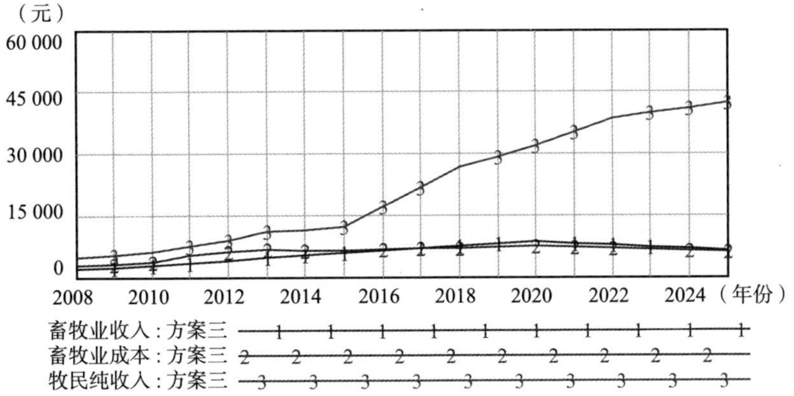

图 6－30　方案三的牧民收入结构

根据模拟结果的对比观察，随着方案三中草原生态补偿标准提高到 27.4 元/亩，牧民的超载率将下降，2015 年锡林郭勒盟的超载率为 14.9%，2020 年将降到 5.25%，到 2025 年将下降到 1.04%，超载现象几乎消失，说明草原生态补偿资金可以满足牧民的生产生活需要，牧民不再需要通过超载来维持生计，牧民的禁牧意愿强烈，在这种情况下草原植被盖度和代表草原载畜能力的标准亩系数都出现上升，草原植被盖度在 2020 年达到 62.79%，2025 年达到 73.89%。标准亩系数在 2020 年达到 2.12，2025 年达到 3.2。说明如果草原生态补偿标准大幅度提高，草原生态环境将会出现恢复。但由于长期禁牧，牧民放牧现象几乎消失，在 2020 年时，草原植被盖度和标准亩系数出现下降趋势，说明补偿标准过高时，牧民放牧意愿极弱，会导致草原生态的衰弱（见图 6－31）。

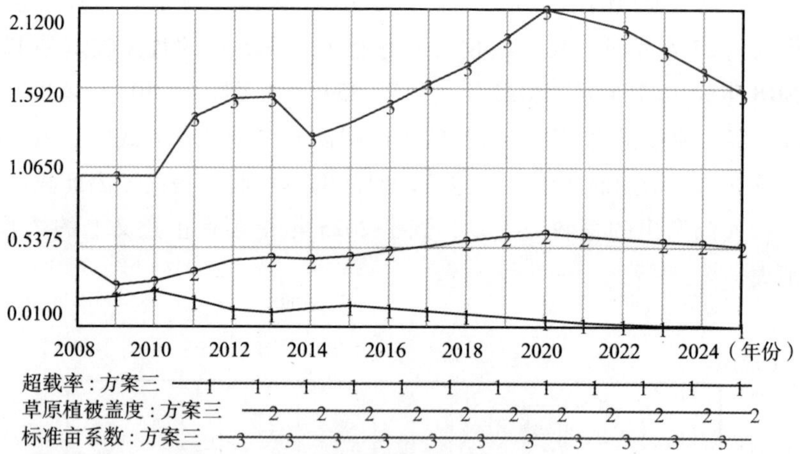

图 6－31　方案三的草原生态情况

从图 6－32 可以看到，随着锡林郭勒盟牧民纯收入的上升，牧民的教育支出也呈现较大幅度的上升。由 2015 年的每人每年 630 元，2020 年达到每人每年 1 643 元，2025 年将达到每人每年 2 844 元，由此可见教育支出与牧民收入达到了互相促进的关系。

综上所述，可以看到当内蒙古的草原生态补偿标准提高到 27.4 元/亩时，根据模型模拟运行的结果，牧民收入在 2020 年将达到 31 834 元，基本上达到了 2015 年提出的城镇居民收入在 2020 年提高 8% 的预期值，也就是说当补偿标准为 27.4 元/亩时，牧民收入与城镇居民收入持平。其中畜牧业收入先上升后下降，2015 年锡林郭勒盟牧民的人均畜牧业纯收入为 5 755 元/年，根据模型的模拟，2020 年达到 8 542 元，2022 年达到 7 734 元，2025 年达到 6 431 元。主要是由于草原生态补偿资金充裕，使得牧民禁牧意愿非常强，牧民收入结构中的财政转移性收入较高，牧民依靠家庭经营第三产业收入与工资性收入便能达到较高的生活水平，因此，牧民不愿意去从事高劳动强度低附加值的畜牧业，而是更多的从事第二、三产业，从牧民收入水平和收入结构来看，牧区基本实现了城镇化。

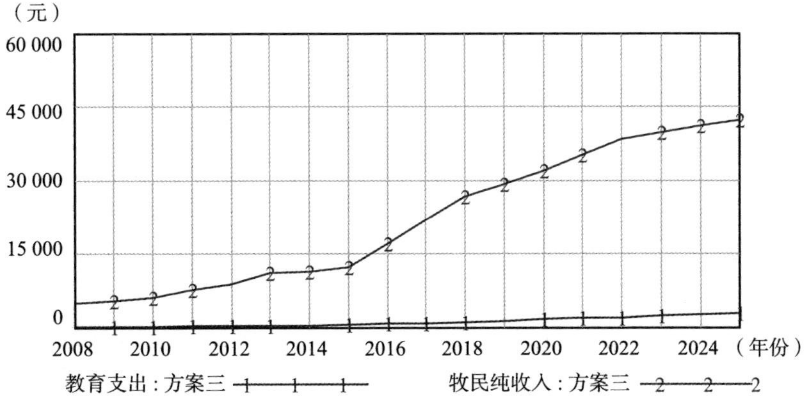

图 6－32　方案三的教育支出对收入的影响

生态方面，草原生物量、草原植被覆盖度以及标准亩系数都会先上升后下降，可见长时间且牧民执行力度较大的禁牧行为会对草原生态产生负面的影响，因此，当补偿标准过高时，牧民禁牧意愿强烈，放牧的现象可能会完全消失，那样不利于草原生态的恢复。

从牧民收入的角度来看，方案三的实施基本实现了牧区的城镇化，但鉴于内蒙古财政水平，方案三是个较为远期的目标，况且牧区城镇化需要牧民对新身份、新环境的适应，地区的产业转型需要政府相应的配套措施，不可能仅仅依靠草原生态补偿标准的提高而实现。从生态角度来看，方案三的实施并不利于草原生态的长远发展。综合来看，实施方案三的草原生态补偿标准 27 元/亩并不是最优的选择。

通过对模拟结果分析得出的结论是：当草原生态补偿标准下降时，牧民收入和草原生态会同时恶化并出现恶性循环；当草原生态补偿标准提高到 15.2 元/亩时，锡林郭勒盟牧民收入在 2020 年达到政策预期目标，并且草原生态恢复良好；当草原生态补偿标准提高到 27.4 元/亩时，牧民收入在 2020 年达到城镇居民水平，牧民收入结构实现转型升级，基本实现了牧区城镇化，但由于长期的禁牧导致生态系统不协调，草原生态水平衰弱，而方案二中的补偿标准下牧民适度的放牧行为，有助于草原生态环境的恢复。因此就锡林郭勒盟地区而言，最理想的草原生态标准 15.2 元。

| 第 7 章 |

草原生态系统的能值分析

7.1 草原生态系统发展概况

7.1.1 草原资源国际比较分析

《中华人民共和国草原法》规定，草原包括天然草原和人工草地，是一种以草地和家畜为主体所构成的特殊生产资料，包含从日光能和无机物中所获取的，通过牧草传递到家畜产品的系列能量和物质的流转过程。同时，草原也是一种可更新的农业资源或生物资源，有其自身的年度和季节生长规律，通过合理保护、管理和利用，既可以使草地资源自行更新，使其生产力得以稳步提升，又可以达到永续利用的目的。

占陆地总面积达 52.17% 的草原生态系统蕴藏着巨大的生物量，在全球碳循环中扮演着重要角色。中国草原资源达到 $3.92\times10^{8}hm^{2}$，占我国国土面积的 41.7%，是我国陆地上面积最大的生态系统。但随着经济快速的发展，不合理的利用已使得草原自然资源遭到了严重破坏。如何将其生态价值与经济价值、社会价值统一协调起来，成为人们越来越关注的问题。

草原生态系统的生态作用和生态效益过去常常被人们所忽视，系统多处于自给自足的自然状态。即使在开发和利用草原资源的过程中，人们也往往只顾眼前的经济利益，而忽视草原的生态效益，造成草原退化、沙化和生态环境恶化的情况发生。如在20世纪30年代的美国和20世纪60年代的苏联，由于不合理开垦草原现象的发生，导致了举世震惊的黑风暴现象出现，这不仅严重地破坏了生态环境，而且使草原和农田两败俱伤，造成了巨大的经济损失。

草原资源是我国自然生态资产的重要组成部分，如今人们已充分认识到其重要性，并提出了一系列保护和利用草原资源的规划与建设方案。为了维持草原资源的可持续性和生态效率，达到有效合理的可持续利用和发展，人们有必要进一步明确草原生态系统的价值，从而进一步增强草原生态系统建设和提高管理水平。因此分析与评估草原价值已经成为当前生态学、经济学以及社会学共同研究的问题。

如表7－1所示，根据FAOSTAT农业数据可以看出，我国的天然草原面积为400 001千hm^2，略高于澳大利亚，居世界首位。但由于我国人口众多，占世界总人口的20.82%，因此我国人均占有量仅为0.3hm^2，是世界人均草原占有量0.55公顷的55.35%，与蒙古国和澳大利亚相距甚远。

表7－1　　　　我国草原资源总量和人均占有量在世界上的位置

指标	世界	中国	澳大利亚	美国	蒙古国	加拿大	新西兰	中国占世界（%）
天然草原面积（千hm^2）	3 471 729	400 001	398 400	233 795	129 300	15 390	13 863	11.52
人口（千人）	6 301 463	1 311 709	19 731	294 043	2 594	31 510	3 875	20.82
人均占有（hm^2/人）	0.55	0.3	20.19	0.8	49.85	0.49	3.58	55.35

资料来源：FAOSTAT农业数据，其中天然草原面积为2002年数据，人口数为2003年数据。

如表7－2所示与世界平均水平相比较，我国的农用地在各种土地类型中所占比重为57%，低于66%，其中森林及林地仅占国土面积的13%，与世界平均水平31%相距甚远。但我国草场及长期牧场占据国土面积的30%，高于世界平均水平 24%，仅次于澳大利亚，居世界第二。因此，从土地利用结构来看，我国草原面积的数量在土地利用中占有相当大的比重。草原资源至关重要，科学合理地对我国草原资源进行保护、利用和开发对提高我国土地生产力起着极为重要的作用。

表 7－2　各国草场所占百分比　单位：%

用地类型	中国	独联体	加拿大	美国	巴西	澳大利亚	印度	世界平均
农用地占各种土地	57	68	43	87	80	79	84	66
其中：耕地和多年生作物用地	14	10	5	21	3	6	57	11
草场及长期牧场	30	17	3	26	25	59	4	24
森林及林地	13	41	35	30	52	14	23	31

资料来源：选自赵济主编《中国自然地理》。

7.1.2　我国草原资源现状分析

1. 我国草原资源概况

我国是草原资源大国，如表 7－3 所示，我国共计拥有天然草原 39 283.3 万 hm^2，占中国土地总面积的 41.4%。其中，天然草原可利用面积为 33 099.5 万 hm^2，占天然草原面积的 84.3%。人均天然草场面积和人均可利用面积分别为 0.34hm^2/人和 0.29hm^2/人。对数据进行对比，可以看出我国五大主要牧区内蒙古自治区、西藏自治区、甘肃省、青海省和新疆维吾尔自治区的天然草原面积共计 27 239.5 万 hm^2，约占全国天然草原面积的 69.34%，五大牧区的天然草原可利用面积共计 23 004.8 万 hm^2，约占全国天然草原可利用面积的 69.5%。

表 7－3　　　　全国和各省区市草原资源

地区	天然草原面积（万 hm²）	土地总面积（万 km²）	天然草地占当地国土面积（%）	总人口（万人）	人均天然草场面积（hm²/人）	天然草原可利用面积（万 hm²）	人均可利用面积（hm²/人）	可利用面积占天然草原面积（%）
全国合计	39 283.30	948.70	41.40	114 333.00	0.34	33 099.50	0.29	84.30
北京市	39.50	1.60	25.00	1 086.00	0.04	33.60	0.03	85.10
天津市	14.70	1.10	13.00	884.00	0.02	13.50	0.02	92.10
河北省	471.20	18.80	25.10	6 159.00	0.08	408.50	0.07	86.70
山西省	455.20	15.70	29.00	2 899.00	0.16	455.20	0.16	100.00
内蒙古自治区	7 881.00	114.50	68.80	2 163.00	3.64	6 359.10	2.94	80.70
辽宁省	338.90	14.60	23.20	3 967.00	0.09	323.90	0.08	95.60
吉林省	584.20	19.10	30.60	2 483.00	0.24	437.90	0.18	75.00
黑龙江省	753.10	45.50	16.60	3 543.00	0.21	608.20	0.17	80.80
上海市	7.30	0.60	11.50	1 337.00	0.01	3.70	0.00	51.10
江苏省	41.30	10.10	4.10	6 767.00	0.01	32.60	0.00	78.90
浙江省	317.00	10.40	30.60	4 168.00	0.08	207.50	0.05	65.50
安徽省	166.30	14.00	11.90	5 675.00	0.03	148.50	0.03	89.30
福建省	204.80	12.40	16.50	3 037.00	0.07	195.70	0.06	95.60
江西省	444.20	16.70	26.60	3 810.00	0.12	384.80	0.10	86.60
山东省	164.80	15.70	10.50	8 493.00	0.02	132.90	0.02	80.70
河南省	443.40	16.60	26.80	8 649.00	0.05	404.30	0.05	91.20
湖北省	635.20	18.60	34.20	5 439.00	0.12	507.20	0.09	79.80
湖南省	637.30	21.20	30.10	6 128.00	0.10	566.60	0.09	88.90
广东省	326.60	17.80	18.30	6 346.00	0.05	267.70	0.04	82.00

续表

地区	天然草原面积（万 hm^2）	土地总面积（万 km^2）	天然草地占当地国土面积（%）	总人口（万人）	人均天然草场面积（hm^2/人）	天然草原可利用面积（万 hm^2）	人均可利用面积（hm^2/人）	可利用面积占天然草原面积（%）
广西壮族自治区	869.80	23.70	36.80	4 261.00	0.20	650.00	0.15	74.70
海南省	949.80	3.40	27.90	663.00	1.43	84.30	0.13	8.90
四川省	2 253.90	56.30	42.40	10 804.00	0.21	1 962.00	0.18	87.10
贵州省	428.70	17.60	24.40	3 268.00	0.13	376.00	0.12	87.70
云南省	1 530.80	38.20	40.10	3 731.00	0.41	1 192.60	0.32	77.90
西藏自治区	8 205.20	120.50	68.10	222.00	36.96	7 084.70	31.91	86.30
陕西省	520.60	20.60	25.30	3 316.00	0.16	434.90	0.13	83.50
甘肃省	1 790.40	42.60	42.10	2 255.00	0.79	1 607.20	0.71	89.80
青海省	3 637.00	70.80	51.40	448.00	8.12	3 153.10	7.04	86.70
宁夏回族自治区	301.40	5.20	58.20	470.00	0.64	262.60	0.56	87.10
新疆维吾尔自治区	5 725.90	165.10	34.70	1 529.00	3.74	4 800.70	3.14	83.80

资料来源：《中国草地资源数据》1994年第2~3页。人口数为2003年底数据。

在《农业可持续发展战略研究》一书中，齐景发等（2001）侧重于从草原的经济应用和管理的角度对天然草原进行了分类。他们按草原的自然特性、生产特征和区域分布将我国的天然草原划分为牧区草原区、半农半牧区草原区、农区和林区草原区及湖滨、河滩、海岸带地区分布的隐域性低地草甸草地四种类型。书中对四种类型草地进行了如下描述：

牧区草原区一般位于400mm等雨线以下，从大小兴安岭向西和西南直至新疆、西藏西部国境线，即我们通常所讲的牧区。牧区草原分布连片，是我国最重要的天然草原和草食家畜生产基地。但草原水热条件较差，自然灾害多，除少数地方外，大部分生产力较低。还有不少草原缺水，难以利用。

半农半牧区草原区主要分布在牧区草原与农区的结合部，草原和耕地常交错分布。半农半牧区草原区牧草资源比较丰富，水热条件比较好，牧业生产力水平较高。是草原开垦较多的区域，草原破坏的重灾区。

农区和林区草原区，包括北方和南方的农区和林区。其中北方草原区、西北荒漠区、青藏高寒区中的农业县、林业县，有草原 7 292.02 万 hm^2，草原水热条件较好，有较丰富的秸秆、农副产品或林间草地可利用。南方次生草地有 6 822.8 万 hm^2。绝大部分为森林植被屡遭破坏后形成的次生草地。以秦岭—淮河线为界，以南为热性草丛和热性灌草丛草地，以北为暖性草丛和暖性灌草丛草地。这类草地产草量高，大都为禾木科牧草，草质较差，除村庄附近及少量规模开发外，大部利用不充分。

湖滨、河滩、海岸带地区，沿湖滨、河滩、海岸带分布有一部分隐域性低地草甸草地，大都分布零星，产草量高而草质较差，目前利用尚不充分（具体内容见表 7－4）。

表 7－4　　全国天然草地面积分经济类型区统计　　单位：hm^2

地区	牧区	半牧区	农（林）区	合计
全国合计	193 158 693	58 525 674	141 148 266	392 832 633
北京市	0	0	394 816	394 816
天津市	0	0	146 604	146 604
河北省	0	1 391 515	3 320 625	4 712 140
山西省	0	22 285	4 529 715	4 552 000
内蒙古自治区	64 945 208	7 528 017	6 331 258	78 804 483
辽宁省	0	584 382	2 804 466	3 388 848
吉林省	424 446	1 375 407	4 042 329	5 842 182
黑龙江省	1 137 401	780 454	5 613 912	7 531 767
上海市	0	0	73 333	73 333

续表

地区	牧区	半牧区	农（林）区	合计
江苏省	0	0	412 709	412 709
浙江省	0	0	3 169 853	3 169 853
安徽省	0	0	1 663 179	1 663 179
福建省	0	0	2 047 957	2 047 957
江西省	0	0	4 442 334	4 442 334
山东省	0	0	1 637 974	1 637 974
河南省	0	0	4 433 788	4 433 788
湖北省	0	0	6 352 215	6 352 215
湖南省	0	0	6 372 668	6 372 668
广东省	0	0	3 266 241	3 266 241
广西壮族自治区	0	0	8 698 342	8 698 342
海南省	0	0	949 773	949 773
四川省	8 274 486	8 088 448	6 175 892	22 538 826
贵州省	0	0	4 287 257	4 287 257
云南省	0	0	15 308 433	15 308 433
西藏自治区	51 244 117	19 478 462	11 329 399	82 051 978
陕西省	0	0	5 206 183	5 206 183
甘肃省	8 335 260	4 664 623	4 904 323	17 904 206
青海省	33 203 617	1 137 546	2 028 583	36 369 746
宁夏回族自治区	556 971	744 330	1 712 766	3 014 067
新疆维吾尔自治区	25 037 187	12 730 241	19 491 339	57 258 767

资料来源：同表7-3。

如表7-5所示，卢欣石（2002）将全国草原按照技术型标准划分为八类：温性草原类、温性荒漠类、暖性灌草丛类、热性灌草丛类、高寒草原类、高寒荒漠类、草甸类、沼泽类。我国草原类型主要为草甸类、高寒类、温性草原类和温性荒漠类四种。

表 7－5　　全国不同草原类型面积统计

草原类	草原面积		草原可利用面积	
	数量（hm^2）	%	数量（hm^2）	%
温性草原类	74 537 509	18.98	66 247 465	20.01
温性荒漠类	55 734 229	14.19	39 745 057	12.00
暖性灌草丛类	18 273 058	4.65	15 627 185	4.72
热性灌草丛类	32 651 615	8.31	25 506 997	7.71
高寒草原类	58 054 911	14.77	49 202 826	14.87
高寒荒漠类	7 527 763	1.92	5 592 765	1.69
草甸类	105 620 963	26.90	94 776 697	28.62
沼泽类	2 873 812	0.73	2 253 714	0.68
全国合计	392 832 633	100.00	330 995 458	100.00

资料来源：《中国草情》2002 年第 6 页。

2. 我国草原生产力的变化

狭义的草原生产力指草原提供特定生态服务的能力，常用牧草产量、畜产品产量或一定时间内单位面积草原的载畜量来进行表示。广义的草原生产力指一个生产单元的草原在一个生产周期内为人类提供的生态服务总量。其中，生态服务包括人类可直接或间接消费的产品，或可消费的有形、无形产品，一般用固碳量、产草量、载畜量、旅游人数、货币等进行测度；生产单元包括全球或一个国家、县、乡、村、牧场、季节放牧地，或单位面积（如 $1hm^2$、$1m^2$）等不同空间尺度；生命周期多以年计，也有用天、月或 10 年等不同时间尺度进行计量。

草原生产力是反映草原基本状况，正确评价草畜平衡状况，确定适宜载畜量，制定草原合理利用和保护制度的基础。对于草原而言，地上生物量是反映其状况的最直接的指标，代表草原第一性生产力的基本水平，也在很大程度上决定草原的生态状况，对草原生态功能的强弱有很大的决定作用。

通过对表 7 - 6 中 80 年代和 2003 年我国 120 个牧区旗县草原载畜量的对比，可以看出：从 80 年代到 2003 年我国草原面积减少了 665.1 万 hm^2，理论载畜量减少了 2 677 万羊单位/年，单位草原载畜量减少了 0.13 羊单位/hm^2·年，20 多年来，草原载畜量即草原生产力下降了 23.38%，草原退化明显，从总体来看，与 80 年代相比，20 世纪初我国草原生态状况是恶化的。

表 7 - 6　　120 个牧区县载畜量变化情况

地区	20 世纪 80 年代			2003 年			单位载畜量 2003 年比 80 年代下降（%）
120 个牧区县	草原面积（万 hm^2）	理论载畜量（万羊单位/年）	单位草原载畜量（羊单位/hm^2·年）	草原面积（万 hm^2）	理论载畜量（万羊单位/年）	单位草原载畜量（羊单位/hm^2·年）	
	170 975.00	10 154.90	0.59	16 432.40	7 477.90	0.46	23.38

资料来源：《中国草地资源数据》和全国畜牧兽医总站草原遥感监测结果整理所得。

通过对表 7 - 7 中 2008 年与 2015 年内蒙古各盟市天然草原牧草产量进行对比可以得出以下结论。全区草原平均单产 2008 年为 48.15kg/亩，2015 年为 60.93kg/亩，平均增幅为 26.54%。其中，呼伦贝尔市、锡林郭勒盟、乌兰察布市、呼和浩特市增长明显，增幅均高于 30%。全区牧草总产量 2008 年为 5 416.12 万 t 干草，2015 年为 6 854.47 万 t 干草，平均增幅为 26.56%，其中呼伦贝尔市、锡林郭勒盟、乌兰察布市、呼和浩特市增长明显，增幅均高于 30%。从表中可看出，地区间产量差异较明显，但近年来内蒙古草原生产力在逐步提升。

表 7 - 7　　2008 年与 2015 年内蒙古各盟市天然草原牧草产量

地区	草地面积（万亩）	平均单产			牧草总产量		
		2008 年（公斤/亩）	2015 年（公斤/亩）	增幅（%）	2008 年（干草、万 t）	2015 年（干草、万 t）	增幅（%）
全区合计	112 490.91	48.15	60.93	26.54	5 416.12	6 854.47	26.56
呼伦贝尔市	14 926.17	80.00	126.25	57.81	1 194.09	1 884.36	57.81

续表

地区	草地面积（万亩）	平均单产			牧草总产量		
		2008 年（公斤/亩）	2015 年（公斤/亩）	增幅（%）	2008 年（干草、万 t）	2015 年（干草、万 t）	增幅（%）
兴安盟	3 359.96	89.20	99.15	11.15	299.71	333.16	11.16
通辽市	5 119.86	89.09	95.60	7.31	456.15	489.45	7.30
赤峰市	7 094.66	94.10	103.56	10.05	667.60	734.71	10.05
锡林郭勒盟	28 958.03	51.99	70.51	35.62	1 505.65	2 041.71	35.60
乌兰察布市	5 180.24	26.30	34.36	30.65	136.24	178.01	30.66
呼和浩特市	860.54	30.93	43.44	40.45	26.62	37.38	40.42
包头市	3 158.66	36.82	36.83	0.03	116.31	116.33	0.02
乌海市	191.97	32.75	29.32	-10.47	6.29	5.63	-10.49
鄂尔多斯市	8 832.20	51.26	56.49	10.20	452.78	498.95	10.20
巴彦淖尔市	7 990.79	22.33	19.98	-10.52	178.40	159.68	-10.49
阿拉善盟	26 817.83	14.03	13.99	-0.29	376.29	375.11	-0.31

资料来源：《2008 年内蒙古自治区草原监测报告》《2015 年内蒙古自治区草原监测报告》。

3. 我国草原生态系统退化现状

目前，草原生态系统退化的直观表现为草原资源的退化。狭义的草原资源退化指草原植被的退化，即草原植被群落逆向演替，而广义的草原资源退化则包括草原植被质和量的下降和减少、土地次生盐碱化、水土流失和土地沙漠化。草原退化是指在草原生态系统演化过程中，在人类活动与自然条件共同作用下，草原生态系统的结构特征和能量流动与物质循环等功能的恶化，以及生物群落（动植物、微生物群落）及其赖以生存环境的恶化。因此，它既包括“草”的退化，又包括“土地”的退化，它不仅反映在三个生物组分（生产者、消费者、分解者）上，也反映在构成草原生态系统的非生物因素上，所以说，草地退化是整个草原生态系统的退化（陈佐忠，1990）。

草原属于生态环境脆弱区，然而在其已经相当脆弱的情况下，人类还叠加了大量的超阈值活动。人类掠夺式的生产经营方式对草原造成了巨大的影响及破坏，与气候变化所带来的自然因素一起使我国草原生态系统遭到巨大损害。具体表现为草原面积减少、生物多样性丧失、草地生产力下降及土壤侵蚀的加剧，使草原生态系统的功能性和稳定性受到了严重制约。

如表 7 - 8 所示，根据中国草地资源的基本调查数据，我国拥有各类天然草原 39 283. 3 万 hm^2。根据农业部 2002 年的摸底调查（2001 年底的情况），目前我国严重退化草原面积已高达 17 540. 9 万 hm^2，占我国各类天然草原面积的 44. 65%。其中重度退化草原面积达 6 221. 8 万 hm^2，占我国天然草原面积的 15. 84%。从各省（区）数据进行分析，情况较为严重的省，按严重退化草原面积依次排序分别为内蒙古自治区、新疆维吾尔自治区、甘肃省、西藏自治区和青海省。严重退化草原面积占本地天然草原面积比例较大的省依次排序分别为宁夏回族自治区、甘肃省、山西省、河南省和新疆维吾尔自治区。通过对数据进行分析可得出，我国草原退化的重灾区是五大牧区，而其中甘肃省和新疆维吾尔自治区在草原退化面积的绝对数和草原退化面积占我国天然草原面积的比例方面均位居前列，是我国草原退化的重灾区。

表 7 - 8　　2001 年我国草原退化情况

省区市	天然草原面积（万 hm^2）	可利用天然草原面积（万 hm^2）	严重退化草原面积（万 hm^2）			严重退化草原占天然草原（%）	严重退化面积排序	严重退化比例排序
			小计	中度	重度			
全国	39 283. 3	33 099. 5	17 540. 9	11 319. 1	6 221. 8	44. 7		
新疆	5 725. 9	4 800. 7	4 091. 9	2 318. 3	1 773. 6	71. 5	2. 0	5. 0
西藏	8 205. 2	7 087. 4	1 400. 0	770. 0	630. 0	17. 1	4. 0	18. 0
内蒙古	7 880. 4	6 359. 1	4 673. 1	3 160. 4	1 512. 7	59. 3	1. 0	8. 0
青海	3 637. 0	3 153. 1	1 351. 4	1 009. 1	342. 4	37. 2	5. 0	11. 0
四川	2 253. 9	1 962. 0	1 004. 2	438. 2	566. 0	44. 6	6. 0	10. 0
黑龙江	753. 2	608. 2	210. 0	142. 0	68. 0	27. 9	14. 0	13. 0
甘肃	1 790. 4	1 607. 2	1 508. 0	955. 0	553. 0	84. 2	3. 0	2. 0

续表

省区市	天然草原面积（万 hm^2）	可利用天然草原面积（万 hm^2）	严重退化草原面积（万 hm^2）			严重退化草原占天然草原（%）	严重退化面积排序	严重退化比例排序
			小计	中度	重度			
云南	1 530.8	1 192.6	995.1	812.1	182.9	65.0	7.0	6.0
广西	869.8	650.0	245.0	183.0	62.0	28.2	12.0	12.0
湖南	637.3	566.6	0.7	0.7	0.0	0.1	26.0	25.0
陕西	520.6	434.9	140.0	51.8	88.2	26.9	15.0	15.0
吉林	584.2	437.9	107.3	80.5	26.8	18.4	17.0	17.0
河北	471.2	408.5	216.7	178.8	37.9	46.0	13.0	9.0
湖北	635.2	507.2	400.2	349.0	51.2	63.0	8.0	7.0
广东	326.6	267.7	8.0	6.7	1.3	2.4	20.0	22.0
贵州	428.7	376.0	118.1	85.7	32.5	27.6	16.0	14.0
江西	444.2	384.8	0.0	0.0	0.0	0.0	27.0	26.0
河南	443.4	404.3	323.2	226.2	97.0	72.9	10.0	4.0
山西	455.2	455.2	364.2	254.9	109.3	80.0	9.0	3.0
山东	163.8	132.9	6.6	4.0	2.6	4.0	21.0	21.0
辽宁	338.9	323.9	81.4	46.0	35.4	24.0	19.0	16.0
安徽	166.3	148.5	1.0	0.7	0.3	0.6	24.0	23.0
福建	204.8	195.7	0.9	0.7	0.2	0.4	25.0	24.0
浙江	317.0	207.5	0.0	0.0	0.0	0.0	28.0	27.0
江苏	41.3	32.6	6.3	5.6	0.6	15.2	22.0	19.0
宁夏	301.4	262.6	283.0	235.1	47.9	93.9	11.0	1.0
海南	95.0	84.3	4.6	4.6	0.0	4.9	23.0	20.0
北京	39.5	33.6	0.0	0.0	0.0	0.0	29.0	28.0
天津	14.7	13.5	0.0	0.0	0.0	0.0	30.0	29.0

续表

省区市	天然草原面积（万 hm^2）	可利用天然草原面积（万 hm^2）	小计	严重退化草原面积（万 hm^2）		严重退化草原占天然草原（%）	严重退化面积排序	严重退化比例排序
				中度	重度			
上海	7.3	3.7	0.0	0.0	0.0	0.0	31.0	30.0
重庆	0.0	0.0	97.0	72.5	24.5		18.0	

资料来源：农业部通过各省草原管理部门上报的调查数据（未公开数据）。

草原资源在生态环境和生物多样性方面的价值是巨大且难以替代的（颉茂华和秦宏，2010），草原不仅为人类提供了大量维持生计的动物性和植物性原料，还具有强大的生态屏障功能，在土壤涵养、生物控制、调节水分、沙化屏障等方面做出了不可磨灭的贡献。草原生态系统作为地球陆地大生态系统的重要组成部分，它的崩溃会对地球陆地大生态系统中的其他生态系统造成巨大影响，系统内外无法维持正常的能量循环，会发生严重的自然灾害，对人类安全造成威胁。

4. 草原牧区的经济发展情况

我国五大主要牧区内蒙古自治区、西藏自治区、甘肃省、青海省和新疆维吾尔自治区的天然草原面积共计 27 239.5 万 hm^2，约占全国天然草原面积的 69.34%，五大牧区的天然草原可利用面积共计 23 004.8 万 hm^2，约占全国天然草原可利用面积的 69.5%，因此本书以五大牧区为代表对草原牧区的经济发展情况进行分析。

从表 7－9 可看出，五大牧区经济持续稳定增长，经济结构调整进展显著。2017 年五大牧区实现地区生产总值 38 373.82 亿元，占全国国内生产总值的 4.64%；五大牧区人均地区生产总值为 44 103.2 元，相当于全国人均国内生产总值的 73.92%。其中，第一产业完成增加值 4 422.49 亿元，占全国的 6.76%，第二产业完成增加值 14 968.42 亿元，占全国的 4.47%，第三产业完成增加值 18 982.91 亿元，占全国的 4.45%，三次产业产值构成为 11.52∶39∶49.47，通过比较可看出，相对而言第一产业所占比例略高于全国，第二、第三产业所占比例则略低于全国。五大牧区地方一般公共预算收入 4 417. 49 亿元，占全国地方财政总收入的 2. 56%。

表 7 -9　　五大牧区经济情况统计（2017 年）　　单位：亿元

经济情况	内蒙古	新疆	西藏	青海	甘肃	五大牧区合计	全国
国内生产总值	16 096. 21	10 881. 96	1 310. 92	2 624. 83	7 459. 90	38 373. 82	827 121. 70
其中：第一产业增加值	1 649. 77	1 551. 84	122. 72	238. 41	859. 75	4 422. 49	65 467. 60
第二产业增加值	6 399. 68	4 330. 89	513. 65	1 162. 41	2 561. 79	14 968. 42	334 622. 60
第三产业增加值	8 046. 76	4 999. 23	674. 55	1 224. 01	4 038. 36	18 982. 91	427 031. 50
人均地区生产总值（元）	63 764	44 941	39 267	44 047	28 497	44 103. 20	59 660
三次产业结构	10. 2∶39. 8∶50. 0	14. 3∶39. 8∶45. 9	9. 4∶39. 2∶51. 5	9. 1∶44. 3∶46. 6	11. 5∶34. 3∶54. 1	11. 52∶39∶49. 47	7. 9∶40. 5∶51. 6
地方一般公共预算收入	1 703. 21	1 466. 52	185. 83	246. 20	815. 73	4 417. 49	172 592. 77

资料来源：《2018 年中国统计年鉴》。

5. 草原牧区的社会发展情况

以五大牧区为例对草原牧区的社会发展情况进行分析，由表 7 -10 可看出，五大牧区在经济快速发展的同时，也在积极发展各项社会事业。据统计，截至 2017 年，五大牧区城乡居民基本养老保险参保人数共计 3 035. 4 万人，占全国总数的 5. 92%。五大牧区现有高等学校在校学生共计 136. 29 万人，占全国总数的 4. 95%。五大牧区广播电视节目平均综合人口覆盖率为 98. 05%，仅比全国平均水平低 0. 84%。五大牧区现有医疗卫生技术人员总计为 55. 96 万人，占全国医疗卫生技术人员总数的 6. 23%。但除内蒙古自治区外，其余四大牧区农村居民人均可支配收入和人均消费支出仍与全国平均水平有一定差距。

表 7 – 10　　五大牧区社会发展情况统计（2017 年）

社会发展情况	内蒙古	新疆	西藏	青海	甘肃	全国
农村居民人均可支配收入（元）	12 584. 3	11 045. 3	10 330. 2	9 462. 3	8 076. 1	13 432. 4
农村居民人均消费支出	12 184. 4	8 712. 6	6 691. 5	9 902. 7	8 029. 7	10 954. 5
城乡居民基本养老保险参保人数（万人）	743. 4	607. 4	183. 1	239. 1	1 262. 4	51 255. 0
高等学校在校学生（万人）	44. 81	34. 60	3. 56	6. 70	46. 62	2 753. 59
广播电视节目平均综合人口覆盖率（%）	99. 23	97. 37	96. 72	98. 42	98. 53	98. 89
医疗卫生技术人员（万人）	18. 04	17. 41	1. 65	4. 17	14. 69	898. 82

资料来源：《2018 年中国统计年鉴》。

7. 2　草原生态系统能值流图

7. 2. 1　草原生态系统能值状况

草原生态系统不仅具有一般生态系统的能量流、物质流和信息流，还具有价值流。传统的生态学方法不能评价草原生态经济系统的价值流，而经济学方法也不能评估其生态功能及生态服务价值。因而，唯一的解答思路就是将生态学与经济学进行结合。

奥杜姆（Odum）的能值理论原理和方法可以将不同类别的能量转换为同一标准的太阳能能值，单位为太阳能焦耳（solar emergy joules，缩写为 sej），用以衡量不同类别、不同等级能量的真实价值，同时还可以比较一个系统中流动或储存的不同类别的能量及其对该系统的贡献。太阳能值是通过能值转换率计算的，能值转换率是指形成1J或1g产品或劳务所需要的太阳能值，单位为sej/J或sej/g。因此，本书以能值为基准，依据能值分析法，首先对草原生态系统的能值边界情况进行分析，收集多年来草原生态系统中相关自然环境、地理和社会经济的数据，列出系统主要的能量输入和输出项目；其次，通过相应的能值转换率核算各能源或物质的投入产出能值；最后通过绘制能值流图、能值分析表，计算出一系列反映生态和经济的能值指标，从而对系统进行全面的分析和评价。

草原生态系统是一个经济—自然—社会的复合系统，它和其他生态经济系统类似，属于开放的系统。其内部各亚系统之间及其与外部经济、自然环境之间都存在着错综复杂的能量流、货币流和信息流，能量的输入和输出不断进行。按照一定的标准，可将能值流动和贮存的状况分为以下几个类别。

可更新能值（外界输入能值R）：指从外界输入的太阳能、风能、雨水势能、雨水化学能等所具有的能值，这些能值通常通过环境系统对草原生态系统产生一定的作用。

不可更新能值（贮存能值N）：指经过长期的系统演化和自然进化所形成的，存在于草原生态系统中的信息和物质的能值，如生物遗传信息、土壤、未销售商品等的能值，是草原生态系统输入能值的一部分。

经济输入能值（经济反馈能值F）：指向草原生态系统投入的商品和服务中所包含的能值，如化肥、农药、农业机械、电力等自身所包含的能值，属于通过人为方式对系统贮存的能值进行转移。

系统输出能值（O）：指通过草原生态系统输出的商品和服务中所包含的能值，如输出的粮食、羊毛、禽蛋、环境美观等自身所具有的能值。

7.2.2 草原生态系统能值流图的绘制方法及步骤

（1）界定草原生态系统的范围边界。以四方框作为边界，将系统内的各组分及其作用过程与系统外的各组分及其作用过程进行区分。如从外界输入的可更新能值必须放于四方框之外，与系统内的草地、家畜、土壤等分隔。

（2）列出草原生态系统的主要能量来源。一般指来自系统外的能源，绘制在四方框的边界之外，如太阳能、雨水势能、风能等。能源不需全部列举，一般以 5% 为限，占整个草原生态系统能源总量 5% 以上的须列举，低于此标准者可忽略不计。

(3) 确定草原生态系统内的主要组成成分。如生产者、消费者、分解者等，用标准的能量符号图例将其进行描绘。

(4) 列出草原生态系统内每种主要组成成分之间的过程及关系。须绘制出各主要组分之间的能物流及货币流，其关系主要包括生产、流动、贮存、消费、互相作用等，如太阳能、雨水势能及风能将能值输入草地。

(5) 绘制出草原生态系统能值流图。先绘四方框确认边界，在边框外绘制来自系统外的能量来源，在边框内绘制相关图例。边框内外的所有图例均按其所代表成分能值转换率的高低，从低到高、由左向右依次排列。其中，在四方框边界底线外不能绘制能源符号，仅能绘制一个表示系统内各组分能量耗散的能量耗失符号，并与表示系统内各组分的符号的底部相连。

7.2.3 能量系统符号语言及其用法

能量系统符号是由奥杜姆创立，并在 1996 年进行了修订。具体符号含义说明如下：

系统边框（system frame）：界定系统边界的三维空间，用于表示系统边界的矩形框。

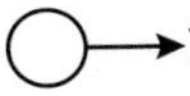能量来源（source，或简称“能源”）：从系统边界外输入的各种形式的能量（物质）均为“能源”，包括物质、纯能流、劳务等。所有从系统外界输入的“能源”均以圆形符号表示，按太阳能值转换率的高低，由低到高在矩形边界外从下到上、从左到右依次排列，从左下方低能值转换率的太阳光能开始，一直到右上方高能值转换率的信息和人类劳务。注意，能量系统图的底边框不可绘制任何“能源”符号。

流动路线（pathway line）：不同类型流的流动由不同的线条来表示，其中实线表示能流、物流、信息流等生态流的流动路线和方向，而虚线则表示货币流的流动路线和方向，若有个别需要强调的物流，可用点线进行表示。在流动路线中箭头表示流动的方向，不带箭头的线则表示流动方向不定或双向流动。

热耗失（heat sink）：表示有效能或潜能消耗散失，成为不再具有做功能力、不能再被利用的热能。此符号符合能量第二定律，任何能量在转化过程中均有部分耗散流失，一般情况下，热耗失符号绘制在能值流图四方框的底边，并与系统内存在热耗散的各组分相互连接，表示系统及组分的热耗失。注意，热耗失只可用于表示耗散退化能，不可与能物流路径相连接。

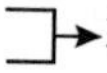输出流（outflows）：表示从系统输出（产出）的有效能流、物流或信息流。其中箭头线可从系统四边框中除底边框外的任一边伸出。

贮存库（storage tank）：表示系统中用于储存物质、资产、货币、能量、信息等的场所，如干草、家畜、土壤等资源。“贮存库”为流入流出同一类型能量（物质）的过渡，前后度量单位一致。

附加路线（adding pathways）：表示同种类型能物流的汇合或分流（分支）。注意，类型不同、能值转换率不同的能物流及其他生态流不能汇合。

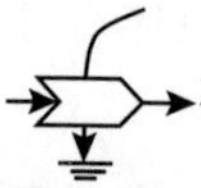相互作用（interaction）：表示不同类型的能流相互之间发生作用并转换为另一种能流。注意，能值转换率较低的低能质能流应从图左侧进入，能值转换率较高的高能质能流应从图上方进入，最终经过相互作用转换成的能物流应从图右侧输出，图下方箭头表示伴随着不同能量的相互作用和转化，有部分能量耗散流失。

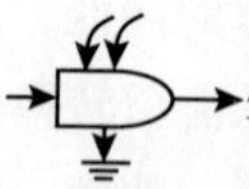生产者（producers）：此符号一般绘制于能值流图左方，用于接受不同类型的物质和能量，并使其相互作用（“生产”）形成产品。因此，此符号包含不同类型的能量相互发生作用并储存的过程。生产者一般包含工业生产者及生物生产者等。

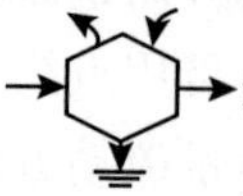消费者（consumers）：此符号一般绘制于能值流图右方，它不仅可以从生产者获取所需的能量及产品，还可以向生产者反馈服务及物质。

消费者可以是动物种群，也可以是社会消费群体。

反馈（feedbacks）：在能值流图中，一般用逆时针方向流动的带箭头的线条来表示消费者向生产者反馈的高能质信息、控制作用和物质。反馈能量由右向左流动，由高度集中的能物流向分散的能物流流动。反馈能量的分散程度与其自身类型有关，通常情况下，人类劳务的分散范围较大。反馈路线往往从消费者符号的右上方引出，并不与其他能量交叉。

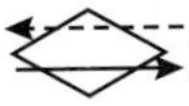交流键（exchange transaction）：表示一定量的两种流之间的相互交换。通常用于表示劳务或货物商品与货币（虚线）的交换及交易，需注意能物流与货币流的变动方向相反。

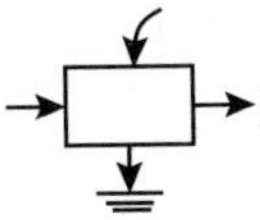亚系统框（subsystem frame）：在能值流图中表示亚系统的图例，通常用于表示经济领域的亚系统或其他亚系统，如草原系统图中的亚系统。

7.2.4 草原生态系统能值流图

能值流图是一种利用奥杜姆的“能量系统语言”图例，按照一定绘制方法绘制而成的详细能值图。其目的在于通过将之前收集的各种相关资料进行组织，更好地展示系统的主要组分及其之间的相互关系。

图 7－1 为绘制的草原生态系统能值流图，图中草原生态系统的基本结构、系统内外的相互关系以及主要的生态流方向都得到了明确的展示。外围的大方框为系统边框，表示草原生态系统的界限。框外较小的圆圈代表草原生态系统的能量来源，其中太阳光、风、雨水等为自然资源能量的主要投入方式，但并非完全流入系统，而社会经济系统则主要以物资及货币的方式投入。从图中可以看出，系统、亚系统、消费者、生产者、贮存库之间由箭头及能值符号键相连接，表示能值的输入、输出及反馈。投入系统内的能量通过生态系统草地进行转化，除少部分能量耗失以外，大部分能量随能量级向下传递，或最终流出系统，或以不同方式储存在系统物质中，其中输出能值主要为投放到外部市场的各种商品。

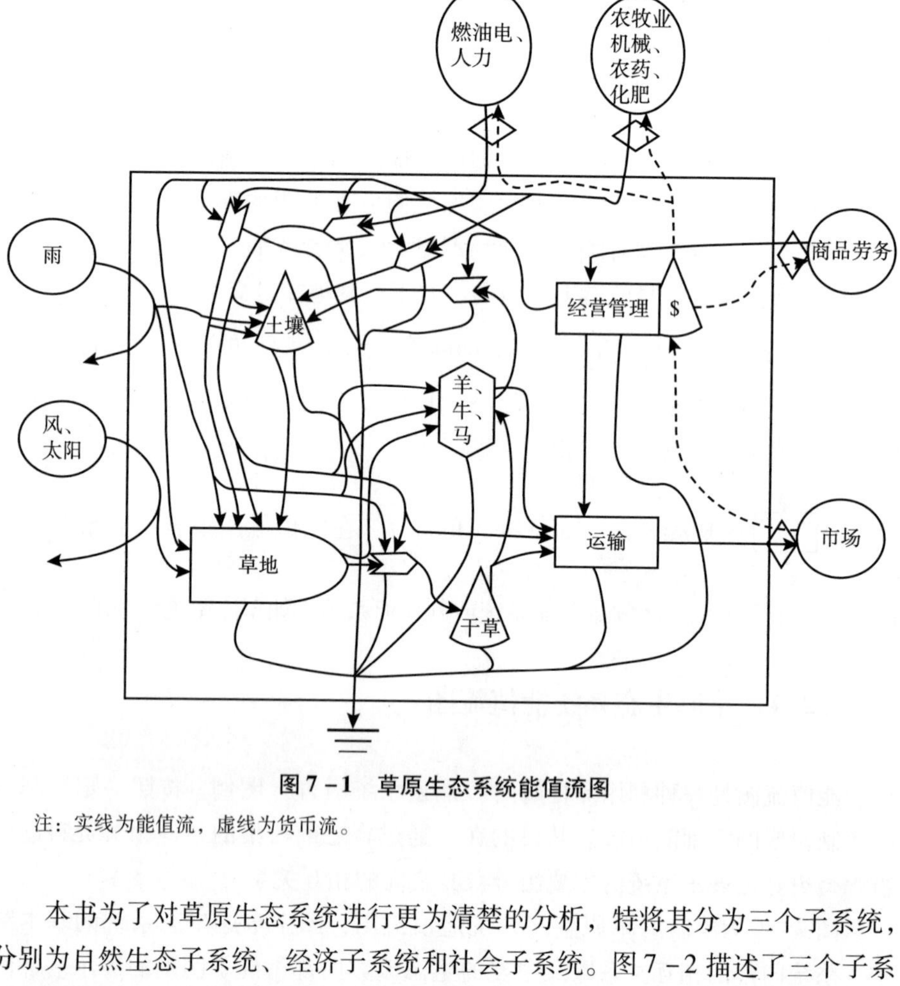

图 7－1　草原生态系统能值流图

注：实线为能值流，虚线为货币流。

本书为了对草原生态系统进行更为清楚的分析，特将其分为三个子系统，分别为自然生态子系统、经济子系统和社会子系统。图 7－2 描述了三个子系统之间的相互关系和能值流动情况。其中 E_{mY} 为流出草原生态系统的能值总量，E_{mR} 为流入该系统的可更新资源能值总量，E_{mN} 为该系统所消耗的自身的不可更新资源能值总量，E_{mF} 为外部输入的不可更新资源能值总量，E_{mL} 为各种流在流动过程中的热量和能量损耗。根据自组织系统的特点，能值输入等于能值产出，故 $E_{mY}+E_{mL}=E_{mR}+E_{mN}+E_{mF}$。

草原生态系统的自然生态子系统是草原牧区产生和畜牧业得以发展的物质基础，生态环境和资源质量的高低在很大程度上决定着草原牧区的发展潜力和可持续发展水平。同时，草原经济体系的运转有赖于自然系统提供的物质与能量，草原上生产与消费产生的废弃物也依赖于生态环境的自净能力得以同化。

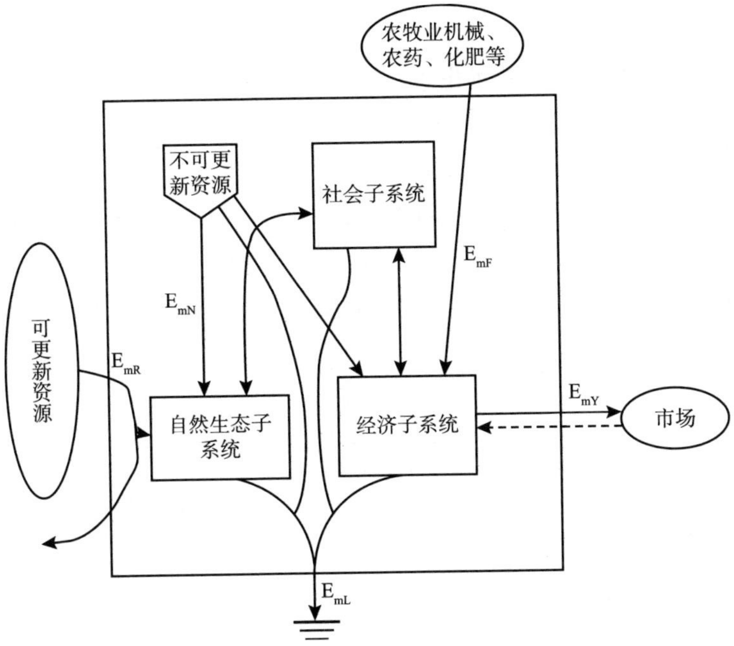

图 7－2　草原生态系统能值系统

草原生态系统的经济子系统是指与草原畜牧业相关的一切经济活动、经济现象和经济关系的总和。经济系统的运转依赖于资源和能量的使用，对于草原生态经济系统而言，燃油、电力、农牧业机械、农药化肥等资源的使用是牧区经济发展的重要资源投入要素，与此同时，草原与畜牧业相关生产活动所生产的各类牛羊肉、毛绒类、奶类商品是草原生态经济系统的重要输出产品。另外，牧民的劳动在自然环境生产中扮演重要作用，因此，其生产与经营活动作为重要的人力资源投入是生态经济系统的重要组成部分。

草原牧区存在于一定的社会之中，社会环境、民族文化、人民收入等要素作为草原生态系统社会子系统的重要组成部分，对自然和经济系统都具有重要的反馈作用，因此，从整个区域生态系统的角度出发，应充分考虑社会系统的容忍度，关注其与经济系统和生态环境系统的协调发展。

7.3 草原生态系统能值指标测算

能值分析指标综合反映了生态经济系统的结构、功能和效率，是衡量自然环境资源价值、人类社会经济发展及环境与经济、人与自然关系的指标，也是系统综合分析及社会经济发展决策参考的重要指标。因此，为更好地了解草原生态系统，本书基于可更新环境资源投入（E_{mR}）、不可更新环境资源投入（E_{mN}）、可更新有机能投入（E_{mR1}）、不可更新工业辅助能投入（E_{mF}）及总能值产出（E_{mY}）五个部分构建了草原生态系统能值投入产出表主框架（见表7-11）。

表7-11　草原生态系统能值指标

项目	表达式
可更新环境资源能值	E_{mR}
不可更新环境资源能值	E_{mN}
环境资源总能值	$E_{m1} = E_{mR} + E_{mN}$
可更新有机能值	E_{mR1}
化石燃料能值（不可更新工业辅助能）	E_{mF}
总辅助能值（辅助能总投入）	$E_{mU} = E_{mF} + E_{mR1}$
总能值投入	$E_{mT} = E_{mU} + E_{m1}$
可更新资源能值比	$r = E_{mR}/E_{mT}$
不可更新资源能值比	$n = E_{mN}/E_{mT}$
工业辅助能比率	E_{mF}/E_{mT}
有机能比率	E_{mR1}/E_{mT}
购买能值比率	E_{mU}/E_{mT}
能值投入率	$E_{IR} = E_{mU}/E_{m1}$

续表

项目	表达式
能值货币比率	$E_{DR}=(E_{mR}+E_{mN}+E_{mU})/GNP$
环境负载率	$E_{LR}=(E_{mF}+E_{mN})/(E_{mR}+E_{mR1})$
环境贡献率	$E_{SR}=(E_{mR}+E_{mN})/(E_{mR}+E_{mN}+E_{mU})$
净能值产出率	$E_{YR}=E_{mY}/E_{mU}$
可持续发展指数	$E_{SI}=E_{YR}/E_{LR}$

本书根据现有指标体系，结合研究区域——草原的实际情况，从畜牧业投入产出现状和演变趋势、生态环境的现状、可持续发展潜力三方面评价了草原的畜牧业发展水平及资源利用现状。其中，主要由能值投资率和能值货币比率两个指标来评价畜牧业投入产出现状和演变趋势；由环境贡献率、环境负载率及可更新能值比率三个指标来评价资源环境现状；由净能值产出率和可持续发展指数两个指标来评价可持续发展潜力。通过对草原生态系统进行具体分析可以对研究区域的现状做出精确的评价，为未来发展及政策制定提供现实依据。

下面对所有指标及其计算方法进行简要介绍。

1. 可更新环境资源能值

可更新环境资源指通过天然作用再生更新，从而为人类反复利用的资源，又称为可再生资源。本书中所提及的可更新环境资源能值泛指从自然界中获取的，可以再生的非化石能源（主要指风能、太阳能、雨水势能、雨水化学能和地球转动能）中所包含的能值之和。

2. 不可更新环境资源能值

不可更新环境资源指经人类开发利用后，在相当长的时期内不可能再生的自然资源，又被称为不可再生资源、非再生资源。在本书中，不可更新环境资源能值主要指所流失土壤中所包含的能值。

3. 环境资源总能值

环境资源总能值是1. 与2. 中所计算的可更新环境资源能值和不可更新环境资源能值之和，即：

$$E_{mI} = E_{mR} + E_{mN}$$

环境资源总能值是影响人类生存和发展的各种天然的和经过人工改造的自然因素中所包含能值的总体。该指标可用来衡量草原生态系统中耗用的环境资源总能值的大小。

4. 可更新有机能值

在本书中可更新有机能值指从事畜牧业生产的人力、种子及有机肥中所含能值。

5. 化石燃料能值（不可更新工业辅助能）

在本书中化石燃料能值指从事畜牧业生产过程中所投入的农药、化肥、农业机械及电力中所包含的能值。

6. 总辅助能值（辅助能总投入）

总辅助能值是人为投入的可更新有机能和化石燃料的能值之和，即

$$E_{mU} = E_{mF} + E_{mR1}$$

该指标可用来衡量人为投入资源的大小。

7. 总能值投入

总能值投入是系统中所投入的环境资源总能值和总辅助能值之和，即

$$E_{mT} = E_{mU} + E_{mI}$$

该指标可用来衡量投入系统中能值总量的大小。

8. 可更新资源能值比（r）和不可更新资源能值比（n）

可更新资源能值比是总可更新资源能值与总投入能值之间的比值，不可更新资源能值比是总不可更新资源能值与总投入能值之间的比值，即

$$r = E_{mR}/E_{mT}, \quad n = E_{mN}/E_{mT}$$

可更新资源能值比表明系统环境的可利用潜力，该指标数值越大，则系统环境的可利用潜力越大；不可更新资源能值比表明利用系统资源对环境所造成的压力，该指标数值越大，对环境的压力越大。可更新资源能值比和不可更新资源能值比之和为 1，二者为负相关关系。

9. 工业辅助能比率

工业辅助能比率是化石燃料能值与总投入能值的比值，即

$$E_{mF}/E_{mT}$$

该指标可用来衡量人为投入的化石燃料（农药、化肥、农业机械等）所含有的能值在总能值投入中所占的比重。该指标数值越大，则人为投入的化石燃料在总能值投入中所占比重越大，表明人为投入的化石燃料在此系统中的作用越大，对化石燃料的依赖性越强。

10. 有机能比率

有机能比率是可更新有机能值与总投入能值的比值，即

$$E_{mR1}/E_{mT}$$

该指标可用来衡量人为投入的可更新有机能（人力、种子、有机肥等）在总能值投入中所占的比重。该指标数值越大，则人为投入的可更新有机能在总能值投入中所占比重越大，表明人为投入的可更新有机能在此系统中的作用越大，对其依赖性越强。

11. 购买能值比率

购买能值比率是总辅助能值与总能值投入的比值，即

$$E_{mU}/E_{mT}$$

总辅助能值包括化肥、农药、农业机械、电力等，均需使用资金进行购买，又称为“购买能值（purchased emergy）”“购买能值/总能值投入”越大，表明该系统对自然资源所提供能值的依赖性越小，对购买能值的依赖性越大。

12. 能值投入率

能值投入率是来自经济的反馈能值与来自环境的无偿输入能值的比值，即

$$EIR = E_{mU}/E_{mI}$$

来自经济的反馈能值包括化肥、农药、农业机械、电力等中所含能值，均需使用资金进行购买，因此又可称为“购买能值（purchased emergy）”。来自环境的无偿能值包括太阳光、雨水、风等可更新资源和土地等不可更新资源所具有的能值，是大自然的无偿投入。故能值投入率也称“经济能值/环境能值比率”，是衡量一个系统环境负载程度和经济发展程度的指标，可以反映该系统的投入产出现状和演变趋势。计算所得数值越大，表明系统的经济发展程度越高；反之，计算所得数值越小，则表明系统的发展水平越低，对环境的依赖水平越高。

13. 能值货币比率

能值货币比率是一个系统在单位时间（一年）内使用的总能值（包括可更新环境资源能值、不可更新环境资源能值和总辅助能值）与国民生产总值GNP之间的比值，即

$$EDR = (E_{mR} + E_{mN} + E_{mU})/GNP$$

该指标可用来反映农牧业投入产出现状和演变趋势。以农业、畜牧业等为主的发展中国家或地区，往往消耗大量无须付费使用的本地自然资源，而仅仅使用货币购买少量的其他国家或地区的资源产品，同时这些国家或地区的GNP往往较低，流通在经济领域的货币量较少，因此具有较高的能值货币比率，在这些国家或地区，使用较少的货币往往可购买到较多的能值财富。反之，在发达国家或地区，由于其所付出的货币资金所具有的能值远远低于所购资源本身所具有的能值，因此这些国家或地区从区外购入的资源较多，同时由于这些国家或地区的GNP往往较高，因此能值货币比率较低。

14. 环境负载率

环境负载率是系统的不可更新能源投入能值总量（包括不可更新环境资

源能值和总辅助能值）与可更新能源投入能值总量（包括可更新环境资源能值和可更新有机能值）之间的比值，即

$$ELR = (E_{mF} + E_{mN}) / (E_{mR} + E_{mR1})$$

该指标可用来评价一个系统的资源环境现状。计算所得数值越大，表明该系统的科技发展水平越高，但同时环境所承受的压力也越大。从长期来看，若该指标持续处于较高水平，说明该系统的生态环境所承载的压力很大，可能会导致生态环境的某些功能不同程度甚至不可逆转的退化甚至丧失。从能值角度进行分析，对本地不可再生资源的过度开发和外界能值输入的数量过大是引起环境系统恶化的主要缘由。当计算所得数值小于等于 2 时，经济活动对系统环境的影响较小；当数值在 2 到 10 之间时，影响为中度；当数值大于 10 时，表明会对系统环境造成很大压力，会引起各种严峻的环境问题。

15. 环境贡献率

环境贡献率是环境资源总能值与总能值投入的比值，即

$$E_{SR} = (E_{mR} + E_{mN}) / (E_{mR} + E_{mN} + E_{mU})$$

该指标可用来衡量环境资源总能值在总能值投入中所占的比重，该指标数值越大，则投入的环境资源所具有的能值在总能值投入中所占比重越大，表明此系统所消耗能值主要依赖于环境的无偿输入，而非人为投入。

16. 净能值产出率

净能值产出率（net emergy yield ratio，EYR）：是系统的产出能值与来自经济的反馈（输入）能值之间的比值，即

$$EYR = E_{mY} / E_{mU}$$

净能值产出率是衡量一个系统内产出对经济贡献大小的指标，可以反映该系统的可持续发展潜力。该指标与“产投比”类似，可作为衡量系统生产效率的标准。计算所得数值越高，表明系统获得一定的能值输入，所生产出来产品的能值越高，即该系统的生产效率越高，也表明生产一单位产品所需投入的能值越少，即经济系统投入能值的利用效率越高。产品的生产成本越低，经济竞争力越强；反之，则经济竞争力越弱。

17. 可持续发展指数

基于能值的可持续发展指数（emergy-based sustainability index，ESI）：是能值产出率与环境负载率之间的比值。即

$$ESI = EYR/ELR$$

显然，若一个国家或地区的能值产出率低而环境负载率高，则它是不可持续的，反之则为可持续的。但应注意，ESI 越大，并不一定代表可持续性越高。该指标的数值在 1 到 10 之间时，说明该经济系统富有活力和发展潜力；该指标若大于 10，则表明经济不发达，对资源的开发利用程度不够；该指标若小于 1，则表明在系统所使用的总能值中，进口资源所占比例较大，同时对系统不可更新资源的利用也较大，环境负荷率较高。①

7.4 草原生态补奖政策实施前后能值指标对比分析

由表 7－3 可看出，我国是草原资源大国，共计拥有天然草原 39 283.3 万 hm^2，占中国土地总面积的 41.4%。其中，天然草原可利用面积为 33 099.5 万 hm^2，占天然草原面积的 84.3%。人均天然草场面积和人均可利用面积分别为 0.34hm^2/人和 0.29hm^2/人。对数据进行对比，可以看出我国五大主要牧区内蒙古自治区、西藏自治区、甘肃省、青海省和新疆维吾尔自治区的天然草原面积共计 27 239.5 万 hm^2，约占全国天然草原面积的 69.34%，五大牧区的天然草原可利用面积共计 23 004.8 万 hm^2，约占全国天然草原可利用面积的 69.5%。其中，内蒙古自治区天然草原面积为 7 881 万 hm^2，占内蒙古自治区土地面积的 68.8%，是占当地土地面积比例最大的省区，因此，本书以内蒙古为例进行分析。

由表 7－12 可知，内蒙古自治区 33 个牧业旗市 2016 年天然草原可利用面积合计为 76 285.44 万亩，占内蒙古自治区可利用草原总面积的 74.79%。33 个牧业旗市分布于内蒙古自治区除乌海市和呼和浩特市的 10 个盟市中。

---

① 李俊莉，曹明明．生态脆弱区资源型城市农业生态系统的能值分析——以榆林市为例［J］．中国农业科学，2012，45（12）：2552－2560.

表 7-12　　内蒙古自治区 33 个牧业旗 2016 年天然草原可利用面积

行政名称	可利用面积（万亩）
鄂温克旗	1 630.22
新巴尔虎右旗	3 290.54
新巴尔虎左旗	2 579.02
新巴尔虎旗	2 125.22
科尔沁右翼中旗	944.24
科左中旗	536.32
科左后旗	1 053.52
扎鲁特旗	1 727.57
阿鲁科尔沁旗	1 316.86
巴林左旗	359.19
巴林右旗	1 082.90
克什克腾旗	1 788.52
翁牛特旗	921.93
锡林浩特市	2 069.49
阿巴嘎旗	4 016.74
苏尼特左旗	4 604.34
苏尼特右旗	2 885.80
东乌珠穆沁旗	5 356.83
西乌珠穆沁旗	3 040.56
镶黄旗	628.00
正镶白旗	632.07
正蓝旗	1 209.22
四子王旗	3 028.17

续表

行政名称	可利用面积（万亩）
达茂旗	2 181.42
鄂托克前旗	1 251.42
鄂托克旗	2 243.98
杭锦旗	1 497.96
乌审旗	936.81
乌拉特中旗	2 954.99
乌拉特后旗	3 010.30
阿拉善左旗	5 658.51
阿拉善右旗	4 287.86
额济纳旗	5 434.92
合计	76 285.44

资料来源：内蒙古自治区农牧业厅。

从表7－13可看出，乌海市和呼和浩特市草原面积仅为12.80万hm^2和57.37万hm^2，远远少于其他盟市。两个盟市草原面积之和仅为内蒙古自治区天然草原面积的1%。

表7－13　2016年内蒙古12个盟市天然草原面积

地区	草原面积（万hm^2）
呼伦贝尔市	995.08
兴安盟	224.00
通辽市	341.32
赤峰市	472.98
锡林郭勒盟	1 930.54

续表

地区	草原面积（万 hm^2）
乌兰察布市	345.35
呼和浩特市	57.37
包头市	210.58
乌海市	12.80
鄂尔多斯市	588.81
巴彦淖尔市	532.72
阿拉善盟	1 787.86

资料来源：内蒙古自治区农牧业厅。

本书以内蒙古为例探究草原生态补奖政策的效果，在考虑实际情况的前提下，为保证数据资料的准确性，将乌海市和呼和浩特市进行剔除。以内蒙古自治区 33 个牧业旗市所在的 10 个盟市的整体数据为例进行数据整理、测算和详细分析。基于表 7－11 中的计算方法，利用内蒙古自治区 10 盟市 2010～2016 年数据测算的能值分析表如表 7－14～表 7－20 所示，综合多年数据所得综合评价指标变化趋势如表 7－21 所示。

表 7－14　　2010 年内蒙古自治区 10 盟市草原生态系统能值分析

项目	原始数据（单位/a）		能量折算系数（j/t）	能值转换率（sej/j 或 sej/g）	太阳能值（sej/a）
可更新环境资源	太阳能	4.32E＋21	—	1.00E＋00	4.31897E＋21
	雨水势能	2.44E＋19	—	8.89E＋03	2.16735E＋23
	雨水化学能	1.23E＋19	—	1.54E＋04	1.89839E＋23
	风能	5.79E＋20	—	6.63E＋02	3.84079E＋23
	小计	—	—	—	7.94972E＋23

续表

项目	原始数据（单位/a）		能量折算系数（j/t）	能值转换率（sej/j或sej/g）	太阳能值（sej/a）
不可更新环境资源	表土流失	3. 83E + 17	—	6. 25E + 04	2. 39129E + 22
	小计	—	—	—	1. 34426E + 28
可更新有机能投入	人力（按乡村年末从事第一产业人员进行计算）	4. 99E + 06	3. 78E + 09	6. 38E + 05	1. 20296E + 22
	小计	—	—	—	1. 20296E + 22
不可更新工业辅助能	化肥	1. 66E + 06	—	4. 77E + 15	7. 92997E + 21
	农药	2. 39E + 04	—	1. 60E + 15	3. 82944E + 19
	农牧业机械（千瓦）	2. 82E + 07	3. 60E + 06	7. 50E + 07	7. 61303E + 21
	电力（千瓦时）（农村牧区居民用电量）	4. 44E + 09	3. 60E + 06	1. 59E + 05	2. 54226E + 21
	小计	—	—	—	1. 81236E + 22
能值总投入	总计	—	—	—	1. 34434E + 28
能值总产出	肉类（g）	2. 07E + 12	—	1. 71E + 06	3. 54572E + 18
	奶类（t）	6. 35E + 06	2. 90E + 09	1. 73E + 06	3. 18654E + 22
	毛绒（t）	1. 24E + 05	4. 60E + 09	4. 40E + 06	2. 51095E + 21
	总计	—	—	—	3. 43799E + 22

资料来源：内蒙古自治区统计局、国家气象信息中心。

表 7 – 15　　2011 年内蒙古自治区 10 盟市草原生态系统能值分析

项目	原始数据（单位/a）		能量折算系数（j/t）	能值转换率（sej/j或sej/g）	太阳能值（sej/a）
可更新环境资源	太阳能	4. 36E + 21	—	1. 00E + 00	4. 36081E + 21
	雨水势能	1. 69E + 19	—	8. 89E + 03	1. 49908E + 23

续表

项目	原始数据（单位/a）		能量折算系数（j/t）	能值转换率（sej/j或sej/g）	太阳能值（sej/a）
可更新环境资源	雨水化学能	8. 50E + 18	—	1. 54E + 04	1. 31305E + 23
	风能	5. 79E + 20	—	6. 63E + 02	3. 84079E + 23
	小计	—	—	—	6. 69654E + 23
不可更新环境资源	表土流失	3. 83E + 17	—	6. 25E + 04	2. 39129E + 22
	小计	—	—	—	1. 34426E + 28
可更新有机能投入	人力（按乡村年末从事第一产业人员进行计算）	5. 03E + 06	3. 78E + 09	6. 38E + 05	1. 21227E + 22
	小计	—	—	—	1. 21227E + 22
不可更新工业辅助能	化肥	1. 65E + 06	—	4. 77E + 15	7. 89364E + 21
	农药	2. 41E + 04	—	1. 60E + 15	3. 86232E + 19
	农牧业机械（千瓦）	2. 95E + 07	3. 60E + 06	7. 50E + 07	7. 95428E + 21
	电力（千瓦时）（农村牧区居民用电量）	4. 81E + 09	3. 60E + 06	1. 59E + 05	2. 75176E + 21
	小计	—	—	—	1. 86383E + 22
能值总投入	总计	—	—	—	1. 34433E + 28
能值总产出	肉类（g）	2. 07E + 12	—	1. 71E + 06	3. 5383E + 18
	奶类（t）	6. 41E + 06	2. 90E + 09	1. 73E + 06	3. 21788E + 22
	毛绒（t）	1. 24E + 05	4. 60E + 09	4. 40E + 06	2. 50689E + 21
	总计	—	—	—	3. 46892E + 22

资料来源：同表7 - 14。

表 7 – 16　　2012 年内蒙古自治区 10 盟市草原生态系统能值分析

项目	原始数据（单位/a）		能量折算系数（j/t）	能值转换率（sej/j 或 sej/g）	太阳能值（sej/a）
可更新环境资源	太阳能	4. 38E + 21	—	1. 00E + 00	4. 37729E + 21
	雨水势能	3. 11E + 19	—	8. 89E + 03	2. 76695E + 23
	雨水化学能	1. 57E + 19	—	1. 54E + 04	2. 42359E + 23
	风能	5. 79E + 20	—	6. 63E + 02	3. 84079E + 23
	小计	—	—	—	9. 07511E + 23
不可更新环境资源	表土流失	3. 83E + 17	—	6. 25E + 04	2. 39129E + 22
	小计	—	—	—	1. 34426E + 28
可更新有机能投入	人力（按乡村年末从事第一产业人员进行计算）	5. 14E + 06	3. 78E + 09	6. 38E + 05	1. 23881E + 22
	小计	—	—	—	1. 23881E + 22
不可更新工业辅助能	化肥	1. 77E + 06	—	4. 77E + 15	8. 44858E + 21
	农药	2. 95E + 04	—	1. 60E + 15	4. 72624E + 19
	农牧业机械（千瓦）	3. 05E + 07	3. 60E + 06	7. 50E + 07	8. 2228E + 21
	电力（千瓦时）（农村牧区居民用电量）	5. 08E + 09	3. 60E + 06	1. 59E + 05	2. 90847E + 21
	小计	—	—	—	1. 96271E + 22
能值总投入	总计	—	—	—	1. 34435E + 28
能值总产出	肉类（g）	2. 07E + 12	—	1. 71E + 06	3. 54065E + 18
	奶类（t）	6. 12E + 06	2. 90E + 09	1. 73E + 06	3. 06913E + 22
	毛绒（t）	1. 21E + 05	4. 60E + 09	4. 40E + 06	2. 44532E + 21
	总计	—	—	—	3. 31402E + 22

资料来源：同表 7 – 15。

表 7－17　　2013 年内蒙古自治区 10 盟市草原生态系统能值分析

项目	原始数据（单位/a）		能量折算系数（j/t）	能值转换率（sej/j 或 sej/g）	太阳能值（sej/a）
可更新环境资源	太阳能	4.41E+21	—	1.00E+00	4.41105E+21
	雨水势能	2.60E+19	—	8.89E+03	2.31126E+23
	雨水化学能	1.31E+19	—	1.54E+04	2.02445E+23
	风能	5.79E+20	—	6.63E+02	3.84079E+23
	小计	—	—	—	8.22061E+23
不可更新环境资源	表土流失	3.83E+17	—	6.25E+04	2.39129E+22
	小计	—	—	—	2.39129E+22
可更新有机能投入	人力（按乡村年末从事第一产业人员进行计算）	5.13E+06	3.78E+09	6.38E+05	1.237E+22
	小计	—	—	—	1.237E+22
不可更新工业辅助能	化肥	1.91E+06	—	4.77E+15	9.08874E+21
	农药	3.11E+04	—	1.60E+15	4.96928E+19
	农牧业机械（千瓦）	3.19E+07	3.60E+06	7.50E+07	8.60254E+21
	电力（千瓦时）（农村牧区居民用电量）	5.46E+09	3.60E+06	1.59E+05	3.12709E+21
	小计	—	—	—	2.08681E+22
能值总投入	总计	—	—	—	8.79212E+23
能值总产出	肉类（g）	2.08E+12	—	1.71E+06	3.56511E+18
	奶类（t）	5.70E+06	2.90E+09	1.73E+06	2.85825E+22
	毛绒（t）	1.24E+05	4.60E+09	4.40E+06	2.51423E+21
	总计	—	—	—	3.11003E+22

资料来源：同表 7－15。

表 7-18　　2014 年内蒙古自治区 10 盟市草原生态系统能值分析

项目	原始数据（单位/a）		能量折算系数（j/t）	能值转换率（sej/j 或 sej/g）	太阳能值（sej/a）
可更新环境资源	太阳能	4. 37E +21	—	1. 00E +00	4. 37084E +21
	雨水势能	2. 47E +19	—	8. 89E +03	2. 19705E +23
	雨水化学能	1. 25E +19	—	1. 54E +04	1. 92441E +23
	风能	5. 79E +20	—	6. 63E +02	3. 84079E +23
	小计	—	—	—	8. 00596E +23
不可更新环境资源	表土流失	3. 83E +17	—	6. 25E +04	2. 39129E +22
	小计	—	—	—	1. 34426E +28
可更新有机能投入	人力（按乡村年末从事第一产业人员进行计算）	5. 15E +06	3. 78E +09	6. 38E +05	1. 24098E +22
	小计	—	—	—	1. 24098E +22
不可更新工业辅助能	化肥	2. 10E +06	—	4. 77E +15	1. 00357E +22
	农药	3. 04E +04	—	1. 60E +15	4. 86108E +19
	农牧业机械（千瓦）	3. 38E +07	3. 60E +06	7. 50E +07	9. 11895E +21
	电力（千瓦时）（农村牧区居民用电量）	5. 80E +09	3. 60E +06	1. 59E +05	3. 3178E +21
	小计	—	—	—	2. 25211E +22
能值总投入	总计	—	—	—	1. 34434E +28
能值总产出	肉类（g）	2. 14E +12	—	1. 71E +06	3. 66698E +18
	奶类（t）	5. 31E +06	2. 90E +09	1. 73E +06	2. 66619E +22
	毛绒（t）	1. 35E +05	4. 60E +09	4. 40E +06	2. 74103E +21
	总计	—	—	—	2. 94066E +22

资料来源：同表 7-15。

表 7－19　　2015 年内蒙古自治区 10 盟市草原生态系统能值分析

项目	原始数据（单位/a）		能量折算系数（j/t）	能值转换率（sej/j 或 sej/g）	太阳能值（sej/a）
可更新环境资源	太阳能	4. 33E + 21	—	1. 00E + 00	4. 33064E + 21
	雨水势能	2. 39E + 19	—	8. 89E + 03	2. 12121E + 23
	雨水化学能	1. 20E + 19	—	1. 54E + 04	1. 85798E + 23
	风能	5. 79E + 20	—	6. 63E + 02	3. 84079E + 23
	小计	—	—	—	7. 86328E + 23
不可更新环境资源	表土流失	3. 83E + 17	—	6. 25E + 04	2. 39129E + 22
	小计	—	—	—	2. 39129E + 22
可更新有机能投入	人力（按乡村年末从事第一产业人员进行计算）	5. 30E + 06	3. 78E + 09	6. 38E + 05	1. 2777E + 22
	小计	—	—	—	1. 2777E + 22
不可更新工业辅助能	化肥	2. 17E + 06	—	4. 77E + 15	1. 03368E + 22
	农药	3. 25E + 04	—	1. 60E + 15	5. 20558E + 19
	农牧业机械（千瓦）	3. 54E + 07	3. 60E + 06	7. 50E + 07	9. 55131E + 21
	电力（千瓦时）（农村牧区居民用电量）	6. 69E + 09	3. 60E + 06	1. 59E + 05	3. 82889E + 21
	小计	—	—	—	2. 37691E + 22
能值总投入	总计	—	—	—	8. 46787E + 23
能值总产出	肉类（g）	2. 17E + 12	—	1. 71E + 06	3. 71058E + 18
	奶类（t）	5. 43E + 06	2. 90E + 09	1. 73E + 06	2. 72187E + 22
	毛绒（t）	1. 49E + 05	4. 60E + 09	4. 40E + 06	3. 02162E + 21
	总计	—	—	—	3. 0244E + 22

资料来源：同表 7 – 15。

表 7-20　2016 年内蒙古自治区 10 盟市草原生态系统能值分析

项目	原始数据（单位/a）		能量折算系数（j/t）	能值转换率（sej/j 或 sej/g）	太阳能值（sej/a）
可更新环境资源	太阳能	4. 38E +21	—	1. 00E +00	4. 38186E +21
	雨水势能	2. 76E +19	—	8. 89E +03	2. 45686E +23
	雨水化学能	1. 39E +19	—	1. 54E +04	2. 15198E +23
	风能	5. 79E +20	—	6. 63E +02	3. 84079E +23
	小计	—	—	—	8. 49345E +23
不可更新环境资源	表土流失	3. 83E +17	—	6. 25E +04	2. 39129E +22
	小计	—	—	—	2. 39129E +22
可更新有机能投入	人力（按乡村年末从事第一产业人员进行计算）	5. 26E +06	3. 78E +09	6. 38E +05	1. 26869E +22
	小计	—	—	—	1. 26869E +22
不可更新工业辅助能	化肥	2. 22E +06	—	4. 77E +15	1. 0569E +22
	农药	3. 19E +04	—	1. 60E +15	5. 0963E +19
	农牧业机械（千瓦）	3. 11E +07	3. 60E +06	7. 50E +07	8. 39358E +21
	电力（千瓦时）（农村牧区居民用电量）	6. 56E +09	3. 60E +06	1. 59E +05	3. 75777E +21
	小计	—	—	—	2. 27713E +22
能值总投入	总计	—	—	—	9. 08716E +23
能值总产出	肉类（g）	2. 33E +12	—	1. 71E +06	3. 97749E +18
	奶类（t）	5. 41E +06	2. 90E +09	1. 73E +06	2. 71431E +22
	毛绒（t）	1. 54E +05	4. 60E +09	4. 40E +06	3. 12271E +21
	总计	—	—	—	3. 02697E +22

资料来源：同表 7-15。

表7-21　内蒙古自治区10盟市草原生态系统综合评价指标汇总

项目	表达式	2010年	2011年	2012年	2013年	2014年	2015年	2016年
可更新环境资源能值	E_{mR}	7.95E+23	6.70E+23	9.08E+23	8.22E+23	8.01E+23	7.86E+23	8.49E+23
不可更新环境资源能值	E_{mN}	2.39E+22	2.39E+22	2.39E+22	2.39E+22	2.39E+22	2.39E+22	2.39E+22
环境资源总能值	$E_{ml}=E_{mR}+E_{mN}$	8.19E+23	6.94E+23	9.31E+23	8.46E+23	8.25E+23	8.10E+23	8.73E+23
可更新有机能值	E_{mR1}	1.20E+22	1.21E+22	1.24E+22	1.24E+22	1.24E+22	1.28E+22	1.27E+22
化石燃料能值（不可更新工业辅助能）	E_{mF}	1.81E+22	1.86E+22	1.96E+22	2.09E+22	2.25E+22	2.38E+22	2.28E+22
总辅助能值（辅助能总投入）	$E_{mU}=E_{mF}+E_{mR1}$	3.02E+22	3.08E+22	3.20E+22	3.32E+22	3.49E+22	3.65E+22	3.55E+22
总能值投入	$E_{mT}=E_{mU}+E_{ml}$	8.49E+23	7.24E+23	9.63E+23	8.79E+23	8.59E+23	8.47E+23	9.09E+23
总能值产出	E_{mY}	3.44E+22	3.47E+22	3.31E+22	3.11E+22	2.94E+22	3.02E+22	3.03E+22
可更新资源能值比	$r=E_{mR}/E_{mT}$	9.36E-01	9.25E-01	9.42E-01	9.35E-01	9.32E-01	9.29E-01	9.35E-01
不可更新资源能值比	$n=E_{mN}/E_{mT}$	2.82E-02	3.30E-02	2.48E-02	2.72E-02	2.78E-02	2.82E-02	2.63E-02
工业辅助能比率	E_{mF}/E_{mT}	2.13E-02	2.57E-02	2.04E-02	2.37E-02	2.62E-02	2.81E-02	2.51E-02
有机能比率	E_{mR1}/E_{mT}	1.42E-02	1.67E-02	1.29E-02	1.41E-02	1.44E-02	1.51E-02	1.40E-02
购买能值比率	E_{mU}/E_{mT}	3.55E-02	4.25E-02	3.32E-02	3.78E-02	4.06E-02	4.32E-02	3.90E-02
能值投入率	$EIR=E_{mU}/E_{ml}$	3.68E-02	4.44E-02	3.44E-02	3.93E-02	4.24E-02	4.51E-02	4.06E-02

续表

项目	表达式	2010 年	2011 年	2012 年	2013 年	2014 年	2015 年	2016 年
净能值产出率	$EYR = E_{mY}/E_{mU}$	1. 14E +00	1. 13E +00	1. 04E +00	9. 36E −01	8. 42E −01	8. 28E −01	8. 54E −01
环境负载率	$ELR = (E_{mF} + E_{mN})/(E_{mR} + E_{mR1})$	5. 21E −02	6. 24E −02	4. 73E −02	5. 37E −02	5. 71E −02	5. 97E −02	5. 42E −02
能值货币比率	$EDR = (E_{mR} + E_{mN} + E_{mU})/GNP$	8. 17E +12	5. 90E +12	7. 04E +12	5. 90E +12	5. 59E +12	5. 46E +12	5. 88E +12
环境贡献率	$ESR = (E_{mR} + E_{mN})/(E_{mR} + E_{mN} + E_{mU})$	9. 64E −01	9. 58E −01	9. 67E −01	9. 62E −01	9. 59E −01	9. 57E −01	9. 61E −01
可持续发展指数	$EIS = EYR/ELR$	2. 19E +01	1. 81E +01	2. 19E +01	1. 74E +01	1. 47E +01	1. 39E +01	1. 58E +01

资料来源：根据表 7 − 14 ~ 表 7 − 20 计算得出。

7.4.1 能值投入率

能值投入率是经济系统中投入的能值和自然系统中环境资源投入的能值的比率。可以看到，2010～2016 年，内蒙古自治区 10 盟市草原生态系统的能值投入率在 0.0343～0.0452 之间，总体趋势是上升的，但远低于世界平均水平。相对于环境资源能值来说，经济投入的能值很低，这说明了内蒙古草原畜牧业的发展对自然环境资源依赖程度很高，畜牧业发展处于较低水平。由于经济投入能值的不足，使得自然系统中投入的那些"免费的"能值还未达到最佳的利用效率。而且内蒙古地区畜牧业经济投入过低，使得相应基础设施不完善，劳动效率不高，畜牧业产品产量低，对外资的吸引力较弱，不利于提升畜牧业发展水平。但由于畜牧业的经济投入水平较低，导致畜牧业产品附加的经济投入成本较低，因此畜牧业产品的价格可能会相对较低，在产品市场上就会更具有竞争力。从表 7－21 中数据可看出，自草原生态补奖政策实施以来，内蒙古畜牧业经济投入不断加大，如更新增加农牧业机械设备，加大化肥、农药、电力的投入等，在一定程度上增加了能值投入率，提升了资源环境能值的利用量和利用效率，但是远远不能与内蒙古自治区庞大的资源环境能值投入相匹配。因此，在加大经济投入的同时，更应该注重提升畜牧业的科技化、现代化和机械化，提升畜牧业经济投入的利用效率，增加对资源环境的开发力度，同时积极引导外资投入畜牧业生产，推动内蒙古自治区畜牧业快速发展。

7.4.2 净能值产出率

净能值产出率反映了草原生态系统整体的回报效率，净能值产出率越高，说明系统经济效益越高，系统竞争力越强。由表 7－21 可看出，2010～2016 年，在草原生态补奖政策实施前后，内蒙古草原生态系统的净能值产出率在 1.1402～0.8271 之间，总体趋势是下降的。说明内蒙古自治区草原生态系统中经济投入的能值利用效率相对较低，竞争力相对较弱，畜牧业的经济效益也相对较低。因此，要提升整个畜牧业的发展水平，就需要在提高净能值产出率的同时，合理的增加经济投入，提高能值投入率，增加自然环境资源的利用量和利用效率。

7.4.3 环境负载率

环境负载率为系统不可更新能源投入能值总量（包括不可更新环境资源和不可更新工业辅助能）与可更新能源投入能值总量（包括可更新环境资源和可更新有机能）之比。较大的环境负载率表明系统中存在高强度的能值利用，同时对环境系统的压力也较大。环境负载率是对系统的一种警示，若系统长期处于较高的环境负载率下，其功能将发生不可逆转的退化或丧失。从能值分析角度来看，外界大量的能值输入以及过度开发本地不可更新资源，是引起草原生态系统恶化的主要原因。由表 7 - 21 可看出，2010 ~ 2016 年，在草原生态补奖政策实施前后，内蒙古草原生态系统环境负载率在 0. 0473 ~ 0. 0625 之间，总体趋势是平稳的，虽略有上升，但远小于 2，说明经济活动对草原生态系统环境的影响较小，因此该地区有巨大的发展潜力，应进一步加大其购进能值投入。

7.4.4 能值 - 货币比率

能值 - 货币比率主要从宏观上探讨经济发展状况，能值 - 货币比率越大，表明能值系统的产出率越高，可持续发展能力越强，并且具有很强的竞争力。内蒙古自治区草原生态系统的能值 - 货币比率从 2010 年的 8. 17E + 12 下降到 2016 年的 5. 88E + 12，说明内蒙古自治区草原生态系统的经济发展主要依靠无须付费的自然资源，经济的发展对资源的依赖度较高，属于资源消耗型经济。

7.4.5 基于能值的可持续发展指数

基于能值分析的可持续发展指数为 EYR 与 ELR 的比值，如果某个生态系统的净能值产出率高而环境负载率又相对较低，则它是可持续的，反之是不可持续的。ESI 值在 1 ~ 10 之间，表明草原生态系统富有活力和发展潜力；ESI > 10 是草原生态系统经济不发达的象征，表明对资源的开发利用不够；ESI < 1 时，系统的进口资源在总能值使用量中所占比重较大，对系统不可更新资源的利用也较大，环境负载率较高。由表 7 - 21 可看出，2010 ~ 2016 年，在草原生态补奖政策实施前后，内蒙古草原生态系统基于能值的可持续发展指数在 13.8691 ~ 21.8888 之间，总体趋势是下降的。说明内蒙古草原生态系统不发达，对资源的开发利用不够，但近年来在逐步好转。如此高的基于能值的可持续发展指数也说明了该地区整体来说对于资源的利用还存在很大的潜力，因而还有很大的发展空间。因此这就需要增加内蒙古地区畜牧业各方面的经济投入，加大对自然环境能值的开发利用度，同时提高科学技术水平，增加高能值能量的投入，进一步挖掘其潜力。当然，在开发过程中，更要重视畜牧业发展对自然环境的污染问题，在降低化肥、农药等使用量的同时，提高其利用效率。

第8章 草原生态补奖支付体系的理论构建

国内学者陈佐忠等提出草原生态补偿是在开发与使用草原生态资源的过程中，使用者或破坏者对草原的所有者和保护者给予的一种补偿，目的不是促进经济发展，而是激励牧民更多承担保护草原生态环境的责任。因此草原生态补偿应包括两部分内容，一是对破坏草原生态环境的行为进行收费，将开发与利用草原过程中所产生的负外部性影响内部化，从补偿类型上讲属于抑制型补偿；二是对保护草原生态环境的行为进行补偿，目的是提高牧民环境保护行为的回报，进而激励与引导牧民保护草原生态环境，属于激励型补偿范畴。草原生态补奖政策属于激励型补偿。

本研究运用能值分析法与 Shannon - Wiener 指数法，以能值理论与生态足迹理论为核心建立能值拓展模型，在此基础上测算草原生态外溢价值，以草原生态外溢价值为理论依据重新构建草原生态补奖标准，分配草原生态补奖资金。

8.1 草原生态补奖标准重构原则

书中草原生态补奖标准重构的实质是补偿草原生态外溢价值，目标是促进各地区牧户转变放牧方式，保护草原生态环境，保持并提升草原生态生产能力，实现全国草原生态资源的可持续性发展。重构我国草原生态补奖标准的主要依据为草原生态外溢价值，生态外溢价值的衡量要基于以下原则：

8.1.1 可行性原则

从内涵上看，草原生态系统存在着使用价值，它既是野生动物和家畜的生产生活基地，更是一个完整的人居环境系统。既向外界索取了大量自然资源和能源，也为外界提供了大量畜产品等有形与无形的生态价值。从计算的可行性上看，草原维持其生态系统正常运行对各种自然资源与能源的消耗都是可追踪、可计算的，草原为外界提供的生态价值也是有据可循的。只有具备了这些数据，才能计算出相应的草原生态外溢价值。

8.1.2 可操作性原则

重构草原生态补奖标准时要秉承政策实施过程中的可操作性原则，充分考虑方案制定依据是否有迹可循，所需原始数据是否能够直接或者实验、测算获得，重构后的草原生态补偿标准是否便于不同省（区）相关部门参考制定当地补奖标准等，防止增加各种不必要的麻烦。只有遵循可操作性原则，才能确保草原生态补奖标准和草原生态补奖机制的落实。

8.1.3 差异性原则

我国地域辽阔，东西部省（区）间草原生态环境存在着巨大差异，其社会经济发展水平也不尽平衡。此外，不同省（区）的草原牧户对于草原资源的消费也存在着明显差距，地域经济的差异使得生产各种产品的成本等也有一定区别。因此，重构草原生态补奖标准时应考虑不同地域草原的地理环境差异、草原生物多样性差异及当地生产技术水平差异等制定适宜的标准，才能体现政策的公平性，才能使资源配置更加高效。

8.1.4 可比性原则

本研究重构的草原生态补奖标准试图为草原生态补奖资金的分配提供新

的方案，这就要求计算出的各省（区）草原生态外溢价值具有可比性，才能体现资金分配的客观与公平。本书从生态系统服务能量转化角度，将草原自然环境与其社会经济中存在的功能价值以统一的衡量标准——能值的形式予以反映。运用能值分析方法可以有效避免由于逐一列举草原生态服务功能导致遗漏从而不可进行比较的问题。

8.1.5 科学性原则

科学的方法是重构草原生态补奖标准的关键，本书选取的能值分析法、Shannon－Wiener 指数法和能值生态足迹模型法三种分析方法，均具有研究适用性和科学性。这三种方法的结合可以保证草原生态补奖标准与受偿主体牧户为草原生态环境保护所做出的贡献保持一致，切实做到等量补偿，实现草原生态补奖资金分配的合理化。

8.2 草原生态补奖标准重构的理论依据

生态资源存在生态服务价值，据此可以进行生态补偿。草原生态补偿的本质即补偿草原资源的生态价值，本书将草原生态补奖标准重构的理论依据定位为草原生态外溢价值。

草原生态资源的特征主要表现在以下三个方面：第一，种类和功能的多样性。生态资源的种类极其丰富，所具有的功能也是各式各样的。以草原为例，它不仅可以向人类提供丰富的农畜产品以满足人类的需求，还能够有效地调节大气环境并涵养水源，对草原生态可持续发展具有十分重要的作用。第二，稀缺性。草原生态资源并非无穷无尽的，它在地球生态系统中的占比是有限的。人类对草原生态资源的需求量一旦超越其自身的供给能力并表现出供不应求的情况时，草原生态资源便呈现出衰竭状态。第三，可更新性与不可更新性。总的来说，草原上的绝大多数生态资源都可根据正负反馈调节进行自我更新，使得自身数量和质量达到相对稳定和动态平衡。但当人类对草原生态资源的消耗速率明显大于其自我再生速率时，草原生态资源就会由可更新性变为不可更新性，人为消耗对草原生态资源造成的不可更新性特征便由此显现。

根据草原资源的特性，应综合草原生产要素的经济价值、对当代人的服务价值以及能够满足后代人需求的环境价值三个要素去衡量草原生态价值。草原生态的经济价值、服务价值和环境价值三者的总和构成了草原生态价值的内涵。因而，基于草原价值构成方面来分析，草原生态资源主要具有三种价值：第一，存在价值。这是草原生态资源以自然而然的方式存在于地球生物圈所表现出来的价值，为生态学意义范畴的价值。从支持人类生命的意义进行理解，从古至今到未来整个人类的生产生活均因该价值的存在而受益。第二，经济价值。这是在人类利用消费草原生态资源过程中体现出的价值。草原生态资源原本天然地存在于大自然，由于人类经济社会的不断发展，大量的草原生态资源被作为生产要素进行进一步加工，制成人工产品进入人类社会，参与人类社会经济活动，直到被消耗。第三，环境价值。人类尤其是以草原为主要生计的牧户在自身的生产生活中不可避免地会产生大量废弃物质，而草原生态系统具有自身调节净化功能，可以把这些废弃物进行消解吸收。

由于草原生态资源具有的存在价值、经济价值和环境价值与草原生态外溢价值中的生态服务功能价值、生态资源稀缺价值和自身消费价值一一对应，因此本书以生态外溢价值作为草原生态补奖标准重构的理论依据是完全可行的。就补偿的内涵而言，基于供给与消费视角，如果草原生态系统剔除自身消费后，还能够向全社会提供其剩余生态价值，那么就存在生态外溢价值。本书草原生态补偿的目的就是补偿草原生态系统能够为外界提供的生态服务价值，即草原生态外溢价值。若一地区草原生态系统对外界提供的生态外溢价值越多，那么其获得的草原生态补奖资金越多；若一地区草原生态系统对其他地区提供的生态外溢价值为零，甚至为负数，那么它就不予分配补奖资金。以生态外溢价值为理论依据重构草原生态补奖标准，不仅使得草原生态补奖资金的分配建立在更加公平、透明的基础上，还有利于引导牧户更加高效地利用草原资源，促进牧户更加积极地保护草原生态环境。

综上所述，对保护草原生态环境的行为进行资金补偿或其他方式的补偿，以此鼓励牧户更加积极地投入到草原生态保护建设中，维持和提升草原生态环境的承载能力，使其能长期为社会生产和生活提供生态服务，属于激励性补偿。本书主要研究草原生态补奖标准的重新构建，属于激励性补偿的范畴。本书重构的草原生态补奖标准并不适用于草原抑制性生态补偿和修复性生态补偿，仅适用于草原的激励性生态补偿。

8.3 草原生态补奖标准重构的基本思路

国内学者很少从供给和消费视角来研究生态补偿。伏润民和缪小林首先提出假如生态环境供给主体在去除自身消费后，还可向其他地区提供其剩余生态价值，那么该地区就存在正的生态外溢价值，理应获得资金补偿，补偿标准由外溢价值大小来决定。此后王奕淇和李国平运用生态外溢价值理论对渭河上游流域的生态补偿展开研究，确定了相应的水域补偿金额分配机制。王显金和钟昌标运用生态外溢价值理论对杭州湾新区的沿海滩涂围垦生态补偿进行研究并提出相应的对策建议。

根据生态外溢价值内涵，可知草原生态外溢价值就是某地区草原整体的生态系统服务价值在扣除该地区自身消费的生态价值后的剩余价值，如果某地区的草原生态系统存在正的生态外溢价值，那么该地区就可以获得补偿，根据草原生态外溢价值确定草原生态补奖的标准。

本书将草原生态补奖标准重构的理论依据确定为草原生态外溢价值。草原生态外溢价值是指草原生态系统在本身具有服务功能价值和资源稀缺价值的基础上，扣除维持当地人类生产生活的自身消费后仍能够为社会提供的剩余生态价值。根据以上草原生态外溢价值的概念，确定其计算公式为：

$$OV_i = SV_i + RV_i - CV_i \qquad (8-1)$$

其中，

i——表示第 i 个省（区）；

OV_i——表示草原生态外溢价值；

SV_i——表示草原生态服务功能价值；

RV_i——表示草原生态资源稀缺价值；

CV_i——表示草原生态自身消费价值。

草原生态补奖政策是国家为保护和恢复草原生态环境，将草原生态补奖资金分配给提供草原生态资源的部分地区，以此弥补牧户为保护生态环境牺牲自身发展的机会成本，对草原生态环境改善效果较好的地区进行资金奖励，鼓励它们继续积极保护草原生态。这种生态环境补偿为政府主导的激励性补偿，属于草原资源供给主体确定，草原资源消费主体不确定的类型。根据生态外溢价值的含义，若一地区草原生态系统生态外溢价值为正，说明该草原剔除自身消费后，还满足其他地区的生产生活消费，处于生态盈余状态，则给予补奖资金；若一地区草原生态系统生态外溢价值为零或者为负数，说明该地区草原不仅不能为其他地区提供生产生活服务，而且难以满足自身需求，处于生态赤字状态，故不予分配补奖资金。因此，假设所研究省（区）草原生态外溢价值均为正数，那么草原生态补奖标准的计算公式为：

$$TM_i = TM \times (OV_i / \sum_{i=1}^{r} OV_i) \tag{8-2}$$

其中，

TM——表示草原生态补奖资金总额度；

r——表示省（区）个数。

8.4 能值拓展模型的构建

当前国内外对于定量评估生态系统服务价值的方法主要包括直接市场法和条件价值法。但是这些评估方法都缺乏可靠的生态学基础，且评价指标的选取有较大的主观随意性，最终由于依据不同而导致评估结果差异较大。因此寻找一种能客观真实衡量草原生态价值的评价方法显得尤为重要，而能值分析法符合这一要求。能值分析法是从生物链、能量等级、能量转化等角度测算生态系统服务价值，该法以能量守恒定律为依据，将能值作为基础，把生态系统中不同的能量统一转化成太阳能能值［单位：太阳能焦耳（sej）］进行对比和定量分析。能值法突破过往学者只能以货币量衡量生态价值的局限性，确立了统一且可比的评价标准，为生态服务价值的评估提供了可靠依据。但仅仅靠能值模型计算生态环境价值并不能全面反映生态系统价值，往往会忽略生态资源的稀缺性，同时也没有考虑到该地区人类生产生活消费的问题。基于能值模型的固有缺陷，本书主张构建拓展的能值模型来测算草原生态外溢价值，并以此作为草原生态补奖资金分配的依据。

本书在奥杜姆的能值理论基础上构建能值拓展模型，测算草原生态外溢价值，并以此作为草原生态补奖标准的重构依据。基本思路为：第一，为了避免简单列举草原生态服务功能存在的局限，本书将采用奥杜姆等提出的能值分析法测算草原生态服务功能价值，使得计算结果具有统一标准，具有可比性。第二，本研究并不直接计算草原生态资源稀缺价值，而是在草原生态服务功能价值的基础上通过草原生物多样性系数计算得到。为了兼顾考虑草原生物物种丰富度和多样性，本书采用洪伟和吴承祯（1999）提出的 Shannon - Wiener 指数构建草原生物多样性系数，用于测算草原生态资源的生物物种稀缺价值。第三，人类生产生活消费一般采用生态足迹法计算，本书采用能值生态足迹模型，通过测算草原自身消费系数，剔除当地牧户对草原生态系统生态资源的消费，有效避免了传统生态足迹模型计算中均衡因子与产量因子的选择争议。

8.4.1　基于能值分析法计算草原生态服务功能价值

草原生态服务功能价值是草原生态系统为社会发展所贡献的能量价值，它是测算生态外溢价值的基础，更是补奖资金分配的主要依据。本书主要采用能值分析法进行测算。草原生态系统作为自然的生产者，吸收和应用来源于自然界低能值的环境资源，包括如储存水、太阳能、风、雨、土壤等，通过草原生态系统的能量转换，为社会发展提供服务，以此体现草原生态服务功能价值。

生态服务功能是指生态系统与生态过程所形成及所维持的人类赖以生存的自然环境条件与效用。本书采用奥杜姆提出的能值分析法测算草原生态服务功能价值，该方法主要基于能量守恒定理，将草原生态系统中不同种类和不可直接进行比较的能量通过能值转换率换算为统一的太阳能值标准进行比较分析。应用能值分析法测算本书中的草原生态服务功能价值，主要考虑草原生态系统的环境投入能量，如太阳辐射能量、风能、雨水化学能和表土层损失能等，并通过能量循环和能级转换形成太阳能能值，以此形成草原生态系统的自然生产价值。其相关计算公式如下：

$$SV_i = [\max(SB_i^1 \cdot SD^1, SB_i^2 \cdot SD^2, SB_i^3 \cdot SD^3, SB_i^4 \cdot SD^4) + SB_i^5 \cdot SD^5] + SB_i^6 \cdot SD^6 \tag{8-3}$$

$$SB_i^1 = S_i \cdot \lambda_{1i} \tag{8-4}$$

$$SB_i^2 = S_i \cdot h_1 \cdot \lambda_2 \cdot \lambda_3 \cdot \lambda_4 \tag{8-5}$$

$$SB_i^3 = S_i \cdot W_i \cdot \lambda_5 \tag{8-6}$$

$$SB_i^4 = S_i \cdot h_{21} \cdot W_i \cdot \lambda_6 \cdot \lambda_7 \tag{8-7}$$

$$SB_i^5 = S_i \cdot \lambda_8 \tag{8-8}$$

$$SB_i^6 = S_i \cdot (\lambda_9 - \lambda_{10}) \tag{8-9}$$

其中，

SB_i^a——表示第 i 个省（区）草原生态系统中的第 a 种能流热量；

a——表示环境投入能量，$a=1, 2, \cdots, 6$，分别表示太阳能、风能、雨水化学能、雨水势能、地球旋转能和表土层损失能。

以上公式中的其他指标参数如表 8-1 所示。

表 8-1　草原生态系统能值测算指标参数

能量类别	能量投入测算				能值转换率		
	指标名称	代码	数量	单位	代码	数量	单位
太阳能	草原面积	S_i	—	m^2	SD^1	1	sej/J
	太阳光平均辐射量	λ_{1i}	—	$J/(m^2 \times a)$			
风能	草原面积	S_i	—	m^2	SD^2	623	sej/J
	风力动能高度	h_1	10	m^2			
	空气密度	λ_2	1.23	kg/m^3			
	涡流扩散系数	λ_3	2.01	m^3/s			
	风速梯度	λ_4	3.15×10^7	s/a			

续表

能量类别	能量投入测算				能值转换率		
	指标名称	代码	数量	单位	代码	数量	单位
雨水化学能	草原面积	S_i	—	m^2	SD^3	15 444	sej/J
	平均降水量	W_i	—	m/a			
	吉布斯自由能	λ_5	4.94×10^6	$J/g \times g/m^3$			
雨水势能	草原面积	S_i	—	m^2	SD^4	8 888	sej/J
	平均海拔高度	h_{2i}	—	m			
	平均降水量	W_i	—	m/a			
	雨水密度	λ_6	1.00×10^3	kg/m^3			
	重力加速度	λ_7	9.80	m/s^2			
地球旋转能	草原面积	S_i	—	m^2	SD^5	29 000	sej/J
	热通量	λ_8	1.45×10^6	$J/(m^2 \times a)$			
表土层损失能	草原面积	S_i	—	m^2	SD^6	63 000	sej/J
	表土形成率	λ_9	8.54×10^5	$J/(m^2 \times a)$			
	表土侵蚀率	λ_{10}	3.39×10^5	$J/(m^2 \times a)$			

注：能值计算公式、相关参数和能值转换率均见洪伟、吴承祯《Shannon - Wiener 指数的改进》，其中："—"表示不同省（区）对应不同的指标值。

8.4.2 基于 Shannon - Wiener 指数计算草原生态资源稀缺价值

草原稀缺生态资源是促进草原生态系统演化的关键，如果缺少这些资源将导致生态链断裂，所以物种种类越多、每类物种数量越少，其生态价值越大。由于生物稀缺价值并非使用价值范畴，其测算方法具有特殊性，本书主要采用 Shannon - Wiener 指数测算草原生态资源稀缺价值，以此反映草原生态系统的物种丰富和濒危度情况。

Shannon - Wiener 指数的基础是信息论，通过构建信息量反映物种的种类和单个物种的数量。如果物种种类越多、每种数量越少，其信息量就越大，所反映的稀缺性价值也就越高；相反，信息量就越小，所反映的稀缺性价值也就越低。尤其当每种物种只有一个个体时，信息量最大，稀缺性价值也最高；当全部个体仅为一个物种时，信息量最小，稀缺性价值也最低。

本书将 Shannon - Wiener 指数应用于草原生物资源稀缺价值估算时，主要将构建测算的草原生物多样性系数作用于生态服务功能价值，得到相应草原生态资源稀缺价值。其计算公式为：

$$RV_i = SV_i \cdot K_i \tag{8-10}$$

其中，

K_i——表示第 i 个省（区）的草原生物多样性系数。

1. 草原群落生物多样性系数

本书将草原生态系统中的生物分为无脊椎动物、植物、哺乳类、爬行类四个群落，那么群落生物多样性系数计算公式为：

$$K_{ij} = \sum_{h=1}^{s} p_{ij}^{h} \log p_{ij}^{h} \tag{8-11}$$

其中，

K_{ij}——表示草原第 j 个群落的生物多样性系数；

h——表示第 h 个物种，$h=1, 2, 3, \cdots, s$；

s——表示草原第 j 个群落有 s 个物种；

p——表示第 j 个群落中第 h 个物种个体数占群落总个体数的百分比。

2. 草原生态系统生物多样性系数

将草原群落生物多样性系数进行标准化处理，分别以各群落的太阳能能值转换率所占比重为权重，将无脊椎动物、植物、哺乳类、爬行类四个群落的生物多样性系数进行加权求和。草原生态系统生物多样性系数计算公式为：

$$K_i = \sum_{j=1}^{4} (K_{ij}^{A} \cdot \delta_j) \tag{8-12}$$

其中，

K_{ij}^{A}——表示各群落经标准化的生物多样性系数；

δ_j——表示权重。

草原生态系统的本质是草原环境与其赖以生存的生物群落的耦合，而草原植物作为草原生态系统的主要生物群落类型，对维持草原生态系统平衡发挥不可替代的作用。由于草原生态系统的各类生物的原始数据难以获取，因此本书以内蒙古草原植被的多样性系数作为衡量草原生物多样性的指标。

8.4.3 基于能值生态足迹模型计算草原生态自身消费价值

草原生态自身消费价值是在草原生态服务价值和草原生态资源稀缺价值求和的基础上乘以生态自身消费系数形成的，本书使用生态足迹模型计算生态自身消费系数。生态足迹是用各类生物土地面积总和来表示生产人类消费的各项能源资源和吸纳人类生产生活中所产生的废弃物所需的土地面积，反映人类对生态环境的依赖程度。生态承载力指区域生态系统整体所能供给的生物生产性面积总和，用来表示生态系统自身的承受能力。通过比较生态足迹和生态承载力两者的差距，研究人类对自然的开发与利用状况，反映区域的生态安全状况。

目前计算生态足迹主要有两种方法：一种是传统生态足迹法，另一种是能值生态足迹法。传统生态足迹模型在计算生态足迹和生态承载力时需考虑6种不同的生物生产性土地类型，并利用均衡因子和产量因子等转换系数将不同生物生产性的土地面积转换为相同生产力的土地面积。但是传统生态足迹模型是基于空间互斥假说而成立的，将空间进行地域划分使得计算方便且利于理解，但是未能从整体上评估区域的潜在生态供给能力，最终往往使得生态承载力被低估，并不能真实反映生态环境的开发和利用状况。

为了弥补传统生态足迹模型的缺陷，本书将能值理论与生态足迹模型相结合，构建出能值生态足迹模型。该模型利用能值转化率将某区域人类的各项资源消耗转化为能值，然后再利用能值密度，将能值转化成土地面积。

能值生态足迹的核心是利用能值密度将区域的资源和环境消费量转化为提供这种消费所必需的生物生产土地面积（能值生态足迹），并将其与该区域能够提供的生物生产土地面积（能值生态承载力）相比较，定量评价人类对自然生态系统的利用程度。同时，考虑到某些地区具有较高的生产技术，尽管单位面积上所生产的产品较多，但对生态环境的消耗并不大，因此需要采用反映生态价值消费的技术效率指标进行修正，本书主要选择单位GDP能耗系数指标。首先通过能值生态足迹模型测算草原自身消费系数，再用单位GDP 能耗系数进行修正，并将其作用于草原生态服务功能价值和草原生态资源稀缺价值。草原生态自身消费价值的计算公式为：

$$CV_i = (SV_i + RV_i) \cdot E_{\chi i} = (SV_i + RV_i) \cdot (E_i \cdot \chi_i) = (SV_i + RV_i) \cdot \left(\frac{EF_i}{ES_i} \cdot \chi_i\right) \tag{8-13}$$

其中，

i——表示第 i 个省（区）；

CV_i——表示草原生态自身消费价值；

$E_{\chi i}$——表示修正后的草原自身消费系数；

E_i——表示草原自身消费系数；

χ_i——表示单位 GDP 能耗系数；

EF_i——表示草原能值生态足迹；

ES_i——表示草原能值生态承载力。

1. 草原能值生态足迹

能值生态足迹是指在一定技术水平下，维持区域人类消费和吸收其产生废弃物所需要的生物生产性土地面积。计算草原能值生态足迹时，首先将草原所生产产品的产量通过能值转化率转化为太阳能值，接着将各草原产品的能值量通过能值密度换算成相应的生物生产性土地面积，从而计算出草原能值生态足迹。能值密度指单位面积能值使用量。一般而言，能值生态足迹模型计算中采用全球能值密度，但这往往与我国草原的真实供给能力相差甚远。因此本研究在计算草原能值生态足迹时采用全国草原能值密度。

草原能值生态足迹计算公式为：

$$EF_i = \frac{EM_i}{\tau} = \sum_{n=1}^{m}\left(\frac{Z_{in} \cdot \vartheta_{1n} \cdot \vartheta_{2n}}{Q \cdot S^{-1}}\right) \tag{8-14}$$

其中，

i——表示第 i 个省（区）；

EF_i——表示草原能值生态足迹；

EM_i——表示草原畜产品产出能值；

τ——表示全国草原能值密度；

m——表示草原的畜牧产品种类数；

Z_{in}——表示第 i 个省（区）草原第 n 种畜牧产品的产量；

ϑ_{1n}——表示第 n 种畜牧产品的能量折算系数；

ϑ_{2n}——表示第 n 种畜牧产品的能值转换率；

Q——表示全国草原能值利用总量；

S——表示全国草原面积。

2. 草原能值生态承载力

能值生态承载力是指在保证生态系统正常生产力和功能完整以及维持可持续发展的情况下，生态系统所能支持的最大负荷，即某一区域所拥有的供人类利用的生物生产性土地面积总量。在测算草原能值生态承载力时，需将草原资源分为可更新环境资源和不可更新环境资源。由于不可更新环境资源的消耗速度快于其再生速度，随着人类的不断利用，不可更新环境资源将会日益枯竭，只有利用可更新环境资源，草原生态才具有可持续性。因此，本书只核算了草原可再生资源的能值生态承载力，在此基础上需扣除 12% 的生物多样性保护面积。草原能值生态承载力计算公式为：

$$ES_i = Q_i \cdot \tau^{-1} \cdot (1-12\%) \qquad (8-15)$$

其中，

i——表示第 i 个省（区）；

ES_i——表示草原的能值生态承载力；

Q_i——表示草原的可更新环境资源能值。

本书计算草原可更新环境资源能值时，主要考虑太阳能、雨水化学能、雨水势能、风能和地球旋转能 5 种可再生资源，计算步骤参考公式（8-4）~公式（8-8）。由于能值理论中同一性质的能量投入只取最大值，而雨水化学能、雨水势能和风能都是太阳能的转化形式，所以计算时这四种能量只取其最大值。

第9章
我国草原生态补奖资金分配的实证测算

9.1 数据来源

本研究涉及西藏、内蒙古、新疆、青海、四川、云南、甘肃、黑龙江、吉林、山西、河北、辽宁、宁夏、新疆生产建设兵团和黑龙江农垦总局共计15个省（区），这些省区的相关自然资源、地理环境和社会经济的原始数据大部分来自《中国统计年鉴》(2017)，《中国统计年鉴》中缺少的数据，则主要参考各省国民经济和社会发展统计公报（2016）、各省水资源公报（2016）、各省气候公报（2016）统计数据。其中，本书进行草原生态外溢价值测算时，最核心的基础数据太阳光年均辐射量来源于中国气象局气象数据中心、中国气象数据网。研究中涉及的各类消费项目的太阳能值转换率和能量折算系数主要来自蓝盛芳的《生态系统能值分析》。

9.2 草原生态外溢价值测算

9.2.1 草原生态服务功能价值测算

本书计算草原生态服务功能价值时，为避免考虑人类投入因素造成草原生态系统服务价值估算存在的主观差异，仅考虑自然环境投入因素，即自然生产。草原生态系统中的自然环境投入因素包括可更新环境资源投入（太阳能、风能、雨水化学能、雨水势能和地球旋转能）和不可更新环境资源投入（表土层损失能）。通过资料收集，对计算草原生态服务功能价值时所需主要指标的原始数据进行汇总，如表9-1所示。

表9-1　　2016年15个省（区）及全国草原部分指标值

地区	草原面积（m^2）	太阳光平均辐射量（J/m^2）	年平均降水量（m）	平均海拔高度（m）
西藏	8.21E+11	6.88E+09	0.445	3 935.13
内蒙古	7.88E+11	5.90E+09	0.283	873.06
新疆	5.73E+11	5.80E+09	0.248	859.54
青海	3.64E+11	6.42E+09	0.408	2 801.43
四川	2.04E+11	5.18E+09	0.983	1 802.71
云南	1.53E+11	5.99E+09	1.296	1 569.52
甘肃	1.79E+11	6.32E+09	0.381	1 464.53
黑龙江	7.53E+10	4.66E+09	0.588	193.58
吉林	5.84E+10	5.13E+09	0.775	247.05
山西	4.55E+10	5.70E+09	0.582	754.23
河北	4.71E+10	5.36E+09	0.609	8.50
辽宁	3.39E+10	5.06E+09	0.506	104.93
宁夏	3.01E+10	5.85E+09	0.290	1 431.95
新疆生产建设兵团	1.72E+10	5.80E+09	0.220	859.54
黑龙江农垦总局	3.39E+09	4.66E+09	0.525	193.58
全国	3.93E+12	5.08E+09	0.730	841.57

资料来源：《中国统计年鉴》(2017) 和中国气象局气象数据中心、中国气象数据网。

根据公式（8－4）~公式（8－9）和表 9－1 所列指标值，以内蒙古为例，计算其 2016 年的草原生态系统各类能量可用能。

1. 可更新环境资源

$$
\begin{aligned}
\text{太阳能（J）} &= \text{草原面积（}m^2\text{）} \times \text{太阳光平均辐射量（}J/m^2\text{）} \\
&= (7.881 \times 10^{11}) \times (5.90 \times 10^{11}) \\
&= 4.65 \times 10^{21}\,J
\end{aligned}
$$

$$
\begin{aligned}
\text{风能（J）} &= \text{草原面积（}m^2\text{）} \times \text{风力动能高度（m）} \times \text{空气密度（}kg/m^3\text{）} \\
&\quad \times \text{涡流扩散系数（}m^3/s\text{）} \times \text{风速梯度（s）} \\
&= (7.88 \times 10^{11}) \times 10 \times 1.23 \times 2.01 \times (3.15 \times 10^{7}) \\
&= 6.14 \times 10^{20}\,J
\end{aligned}
$$

$$
\begin{aligned}
\text{雨水化学能（J）} &= \text{草原面积（}m^2\text{）} \times \text{年降水量（m）} \times \text{吉布斯自由能（}J/m^3\text{）} \\
&= (7.88 \times 10^{11}) \times 0.283 \times (4.94 \times 10^{6}) \\
&= 1.10 \times 10^{18}\,J
\end{aligned}
$$

$$
\begin{aligned}
\text{雨水势能（J）} &= \text{草原面积（}m^2\text{）} \times \text{平均海拔高度（m）} \times \text{年降水量（m）} \times \\
&\quad \text{雨水密度（}kg/m^3\text{）} \times \text{重力加速度（}m/s^2\text{）} \\
&= (7.88 \times 10^{11}) \times 873.06 \times 0.283 \times (1 \times 10^{3}) \times 9.8 \\
&= 1.91 \times 10^{18}\,J
\end{aligned}
$$

$$
\begin{aligned}
\text{地球旋转能（J）} &= \text{草原面积（}m^2\text{）} \times \text{热通量（}J/m^2\text{）} \\
&= (7.88 \times 10^{11}) \times (1.45 \times 10^{6}) \\
&= 1.14 \times 10^{18}\,J
\end{aligned}
$$

2. 不可更新环境资源

$$
\begin{aligned}
\text{表土层损失能（J）} &= \text{草原面积（}m^2\text{）} \times [\text{表土形成率（}J/m^2\text{）} - \text{表土侵蚀率（}J/m^2\text{）}] \\
&= (7.88 \times 10^{11}) \times (8.54 \times 10^{5} - 3.39 \times 10^{5}) \\
&= 4.06 \times 10^{17}\,J
\end{aligned}
$$

根据能值计算公式和表 8－1，结合内蒙古 2016 年草原生态系统各类能量的可用能，可计算得到各类能量的太阳能值，进而根据公式（8－3）估算出 2016 年内蒙古的草原生态服务功能价值，如表 9－2 所示。

表 9－2　　2016 年内蒙古草原生态服务功能价值估算情况

项目		原始数据（J）	能值转换率（sej/J）	太阳能值（sej）
可更新环境资源	1 太阳能	4.65E+21	1	4.65E+21
	2 风能	6.14E+20	623	3.83E+23
	3 雨水化学能	1.10E+18	15 444	1.70E+22
	4 雨水势能	1.91E+18	8 888	1.70E+22
	5 地球旋转能	1.14E+18	29 000	3.31E+22
	合计			4.16E+23
不可更新环境资源	6 表土层损失能	4.06E+17	63 000	2.56E+22
	合计			2.56E+22
总计				4.42E+23

注：为避免重复计算，根据能值理论，太阳能、风能、雨水化学能和雨水势能只取最大值。

按照以上方法计算，纳入此次补奖政策范围的 15 个省（区）的草原生态服务功能价值如表 9－3 所示。

表 9－3　　2016 年 15 个省（区）草原生态服务功能价值估算情况

地区	可更新环境资源	不可更新环境资源	草原生态服务功能价值
西藏	4.33E+23	2.66E+22	4.60E+23
内蒙古	4.16E+23	2.56E+22	4.42E+23
新疆	3.02E+23	1.86E+22	3.21E+23
青海	1.92E+23	1.18E+22	2.04E+23
四川	1.08E+23	6.61E+21	1.14E+23
云南	8.08E+22	4.97E+21	8.58E+22
甘肃	9.45E+22	5.81E+21	1.00E+23
黑龙江	3.98E+22	2.44E+21	4.22E+22

续表

地区	可更新环境资源	不可更新环境资源	草原生态服务功能价值
吉林	3.08E+22	1.90E+21	3.27E+22
山西	2.40E+22	1.48E+21	2.55E+22
河北	2.49E+22	1.53E+21	2.64E+22
辽宁	1.79E+22	1.10E+21	1.90E+22
宁夏	1.59E+22	9.78E+20	1.69E+22
新疆生产建设兵团	9.08E+21	5.58E+20	9.64E+21
黑龙江农垦总局	1.79E+21	1.10E+20	1.90E+21

由表 9－3 可知，2016 年各省（区）草原生态服务功能价值之和为 1.90E+24 sej。将各省（区）草原生态服务功能价值按照降序排列：西藏 > 内蒙古 > 新疆 > 青海 > 四川 > 甘肃 > 云南 > 黑龙江 > 吉林 > 河北 > 山西 > 辽宁 > 宁夏 > 新疆生产建设兵团 > 黑龙江农垦总局。其中，草原生态服务功能价值最高的省份是西藏，为 4.60E+23sej，占 24.19%；其次是内蒙古，其草原生态服务功能价值为 4.42E+23sej，占 23.23%。西藏和内蒙古这两个自治区的草原生态服务功能价值之和为 9.01E+23sej，占 15 个省（区）草原生态服务功能价值总和的 47.43%，接近被纳入补奖政策省份草原生态服务功能价值总量的一半。最低的是黑龙江农垦总局，其草原生态服务功能价值为 1.90E+21sej，仅占 0.10%。之所以西藏、内蒙古、青海等省（区）的草原生态服务功能价值更大，是因为这些省份都处于我国高原地区，均具有日照时间长、辐射强烈、多大风等气候特点。由此可见，草原生态服务功能价值主要受可更新环境资源能值的影响。大部分省份草原的可更新环境资源能值大小主要由风能能值决定，其次为雨水势能能值和雨水化学能能值。以西藏和内蒙古为例，前者的草原可更新环境资源能值、不可更新环境资源能值和草原生态服务功能价值更大。这是因为与内蒙古相比，西藏的草原面积更为广阔，年均降水量更多，海拔平均高度更高，约为内蒙古海拔高度的 4 倍。

9.2.2 草原生态资源稀缺价值测算

本书将草原生物多样性系数作用于草原生态服务功能价值来反映草原生态资源稀缺价值，根据公式（8－10）~式（8－12），计算得出2016年各省草原生物多样性系数及草原生态资源稀缺价值，如表9－4所示。

表9－4　2016年15个省（区）草原生态资源稀缺价值估算情况

地区	草原生物多样性系数	草原生态资源稀缺价值（sej）
西藏	1.000	4.60E+23
内蒙古	0.645	2.85E+23
新疆	0.640	2.05E+23
青海	0.790	1.61E+23
四川	0.491	5.61E+22
云南	0.517	4.43E+22
甘肃	0.541	5.43E+22
黑龙江	0.331	1.40E+22
吉林	0.376	1.23E+22
山西	0.415	1.06E+22
河北	0.316	8.34E+21
辽宁	0.361	6.85E+21
宁夏	0.565	9.54E+21
新疆生产建设兵团	0.640	6.17E+21
黑龙江农垦总局	0.331	6.29E+20

注：草原生物多样性系数取值见于伏润民、缪小林《中国生态功能区财政转移支付制度体系重构——基于拓展的能值模型衡量的生态外溢价值》。

由表9－4可知，将各省草原生态资源稀缺价值降序排列：西藏＞内蒙

古 > 新疆 > 青海 > 四川 > 甘肃 > 云南 > 黑龙江 > 吉林 > 山西 > 宁夏 > 河北 > 辽宁 > 新疆生产建设兵团 > 黑龙江农垦总局，各省的草原生态资源稀缺价值总和为 1.33E+24sej。其中，仅仅西藏的草原生态资源稀缺价值就相当于 15 个省（区）草原生态资源稀缺价值总量的 1/3。草原生物多样性系数较大的省区包括西藏、青海、内蒙古、新疆、宁夏、甘肃和云南，其数值大小均超过0.5。可以看出，我国西部偏远省份的草原生物多样性系数更大，即草原生物物种种类数更丰富，草原生物资源更加稀缺。然而，草原生物多样性系数越大并不意味着草原生态资源稀缺价值越高，这是因为草原生态资源稀缺价值同时受草原生态服务功能价值和草原生物多样性系数的制约。例如，新疆与青海相比，新疆的草原生物多样性系数相对较小，但是它的草原生态资源稀缺价值远大于青海。究其原因，在于新疆的草原生态服务功能价值比青海的草原生态服务功能价值大得多。类似地，四川与云南、黑龙江与吉林、吉林与山西和河北与辽宁这四组亦是前者的草原生物多样性系数较小，而其草原生态资源稀缺价值却很高的范例。

9.2.3 草原生态自身消费价值测算

依据公式（8-13）将草原自身消费系数作用于草原生态服务功能价值与草原生态资源稀缺价值之和便可得到草原生态自身消费价值。由此可见，估算各省草原生态自身消费价值的关键在于草原自身消费系数的确定。在测算草原自身消费系数之前，需要先确定全国草原能值密度，在此基础上对草原能值生态足迹和草原能值生态承载力进行计算。

1. 全国草原能值密度计算

草原资源可以分为可更新环境资源和不可更新环境资源。草原生态的可持续发展主要依赖于可更新环境资源。由于不可更新环境资源的再生速度远远赶不上其消耗速度，在人类的利用过程中，不可更新环境资源将不可避免地走向枯竭。因此，确保草原生态可持续发展唯一的方法是有效利用可更新环境资源。众所周知，西藏、内蒙古、新疆等省（区）均属于内陆省份，受潮汐影响的可能性很小，故本研究对潮汐能忽略不计，只考虑太阳能、风能、雨水化学能、雨水势能和地球旋转能5种可更新环境资源。为避免重复计算，同一性质的能量只选取最大值。根据公式（8－14），全国草原能值密度计算步骤如下：

第一，计算2016年全国草原各类型能量投入。

根据式（8－4）~式（8－8）和表9－1，分别计算2016年全国草原生态系统太阳能、风能、雨水化学能、雨水势能和地球旋转能的五项能量投入。

$$\begin{aligned}\text{太阳能（J）}&=\text{草原面积（}m^2\text{）}\times\text{太阳光平均辐射量（}J/m^2\text{）}\\&=(3.93\times10^{12})\times(5.08\times10^{9})\\&=1.99\times10^{22}J\end{aligned}$$

$$\begin{aligned}\text{风能（J）}&=\text{草原面积（}m^2\text{）}\times\text{风力动能高度（m）}\times\text{空气密度（}kg/m^3\text{）}\\&\quad\times\text{涡流扩散系数（}m^3/s\text{）}\times\text{风速梯度（s）}\\&=(3.93\times10^{12})\times10\times1.23\times2.01\times(3.15\times10^{7})\\&=3.06\times10^{21}J\end{aligned}$$

$$\begin{aligned}\text{雨水化学能（J）}&=\text{草原面积（}m^2\text{）}\times\text{年降水量（m）}\times\text{吉布斯自由能（}J/m^3\text{）}\\&=(3.93\times10^{12})\times0.73\times(4.94\times10^{6})\\&=1.42\times10^{19}J\end{aligned}$$

$$\begin{aligned}\text{雨水势能（J）}&=\text{草原面积（}m^2\text{）}\times\text{平均海拔高度（m）}\times\text{年降水量（m）}\\&\quad\times\text{雨水密度（}kg/m^3\text{）}\times\text{重力加速度（}m/s^2\text{）}\\&=(3.93\times10^{12})\times841.57\times0.73\times(1\times10^{3})\times9.8\\&=2.36\times10^{19}J\end{aligned}$$

$$\begin{aligned}\text{地球旋转能（J）}&=\text{草原面积（}m^2\text{）}\times\text{热通量（}J/m^2\text{）}\\&=(3.93\times10^{12})\times(1.45\times10^{6})\\&=5.70\times10^{18}J\end{aligned}$$

第二，计算2016年全国草原能值总利用量。

根据公式（8－3），在2016年全国草原太阳能、风能、雨水势能、雨水化学能和地球旋转能5种类型能量投入的基础上，分别乘以能值转换率得出相应太阳能值，再对这些能量流的太阳能值求和，便得到2016年全国草原能值总利用量，如表9－5所示。

表 9-5　　2016 年全国草原能值总利用量

项目		原始数据（J）	能值转换率（sej/J）	太阳能值（sej）
可更新环境资源	1 太阳能	1.99E+22	1	1.99E+22
	2 风能	3.06E+21	623	1.91E+24
	3 雨水化学能	1.42E+19	15 444	2.19E+23
	4 雨水势能	2.36E+19	8 888	2.10E+23
	5 地球旋转能	5.70E+18	29 000	1.65E+23
	总计			2.07E+24

第三，计算 2016 年全国草原能值密度。

根据公式（8-14）可知，全国草原能值总利用量与全国草原面积之比即全国草原能值密度。

$$\text{全国草原能值密度}(sej/m^2) = \text{全国草原能值总利用量}(sej)/\text{全国草原面积}(m^2)$$
$$= 2.07 \times 10^{24}/3.93 \times 10^{12}$$
$$= 5.28 \times 10^{11} sej/m^2$$

2. 草原能值生态足迹计算

生态足迹将地球表面的生物生产性土地分为六大类，即耕地、林地、牧草地、水域、化石能源用地以及建筑用地。其中，耕地、林地、牧草地和水域主要对应生物资源消费项目，化石能源用地和建筑用地主要对应能源资源消费项目。由于本书研究的生物生产性土地为草原，其生物资源消费项目便集中为畜产品，主要包括猪肉、牛肉、羊肉、牛奶、羊奶、羊毛、禽蛋和蜂蜜等。鉴于畜产品的饲养方式、产量数值以及其他数据的可获得性，本书选择牛肉、羊肉、牛奶、绵羊毛、山羊毛和羊绒六项畜产品的生产量来计算草原能值生态足迹，纳入 2016 年草原补奖政策省份的畜产品产量如表 9-6 所示。

表 9-6　2016 年 15 个省（区）畜产品产量

地区	牛肉（10^4t）	羊肉（10^4t）	牛奶（10^4t）	绵羊毛（t）	山羊毛（t）	羊绒（t）
西藏	16.18	8.23	29.73	7 771.32	834.27	971.07
内蒙古	55.59	98.98	734.12	132 925.41	10 192.87	8 498.23
新疆	42.48	58.32	156.08	101 205.50	3 057.98	1 120.79
青海	12.18	11.98	33.00	17 506.00	872.00	435.00
四川	36.86	26.89	62.76	6 422.00	593.00	144.00
云南	35.24	15.13	56.93	1 411.00	96.00	13.00
甘肃	20.02	21.05	40.00	29 828.00	1 986.00	463.00
黑龙江	42.54	12.81	545.95	27 417.00	1 786.00	270.00
吉林	47.10	4.81	52.85	15 645.00	629.17	143.80
山西	5.92	7.43	95.09	8 979.39	1 637.64	1 246.93
河北	54.25	32.37	440.49	35 272.00	3 088.00	918.00
辽宁	41.60	8.70	143.06	9 276.58	1 340.83	1 016.93
宁夏	10.42	10.52	139.47	10 878.00	784.00	589.00
新疆生产建设兵团	5.57	10.18	62.92	18 610.00	458.00	81.48
黑龙江农垦总局	1.58	0.58	42.68	538.10	4.12	32.96

资料来源：《2017 年中国统计年鉴》。

关于各省（区）草原能值生态足迹的计算，本书以内蒙古为例进行说明。

表 9-6 中的畜产品产量为某一省（区）生产的全部畜产品年产量，并非该省（区）草原的畜产品年产出量。本书在计算草原能值生态足迹时，通过日常生活中各畜产品的饲养方式比重确定畜产品源于草原的产量，在此基础上通过能量折算系数和能值转换率得到草原资源消费能值，如表 9-7 所示。最后根据上文计算出的全国草原能值密度将草原资源消费能值转换为生物生产性土地面积，即草原能值生态足迹。

表 9－7　　2016 年内蒙古对草原资源的自身消费能值

项目	原始数据（kg）	能量折算系数（J/kg）	能值转换率（sej/J）	太阳能值（sej）
牛肉	7.78E+07	9.00E+06	4.00E+06	2.80E+21
羊肉	4.26E+08	1.41E+07	2.00E+06	1.20E+22
牛奶	2.06E+09	2.90E+06	1.70E+06	1.01E+22
绵羊毛	5.72E+07	2.09E+07	4.40E+06	5.26E+21
山羊毛	4.38E+06	2.09E+07	4.40E+06	4.03E+20
羊绒	3.65E+06	2.09E+07	4.40E+06	3.36E+20
总计				3.09E+22

根据公式（8－14）可知，内蒙古草原能值生态足迹为内蒙古草原资源消费能值与全国草原能值密度的比值，经计算得 $5.86\times10^{10}m^2$。基于此计算步骤，可测算出其他省（区）的草原能值生态足迹，如表 9－8 所示。

表 9－8　　2016 年 15 个省（区）草原生态自身消费价值估算情况

地区	草原能值生态足迹（m^2）	草原能值生态承载力（m^2）	草原自身消费系数	草原生态自身消费价值（sej）
西藏	4.93E+09	7.22E+11	0.007	6.28E+21
内蒙古	5.86E+10	6.93E+11	0.085	6.14E+22
新疆	2.94E+10	5.04E+11	0.058	3.07E+22
青海	6.19E+09	3.20E+11	0.019	7.05E+21
四川	1.19E+10	1.79E+11	0.066	1.13E+22
云南	8.44E+09	1.35E+11	0.063	8.16E+21
甘肃	1.02E+10	1.58E+11	0.065	1.00E+22
黑龙江	2.35E+10	6.63E+10	0.354	1.99E+22
吉林	8.21E+09	5.14E+10	0.160	7.20E+21

续表

地区	草原能值生态足迹（m^2）	草原能值生态承载力（m^2）	草原自身消费系数	草原生态自身消费价值（sej）
山西	5.65E+09	4.01E+10	0.141	5.09E+21
河北	2.71E+10	4.15E+10	0.653	2.27E+22
辽宁	1.06E+10	2.98E+10	0.355	9.17E+21
宁夏	7.98E+09	2.65E+10	0.301	7.95E+21
新疆生产建设兵团	5.95E+09	1.51E+10	0.393	6.21E+21
黑龙江农垦总局	1.44E+09	2.98E+09	0.484	1.22E+21

3. 草原能值生态承载力计算

在人类生产生活中只有不断利用可更新环境资源，生态承载力才具有可持续性。因此，本书在计算草原能值生态承载力时，也只考虑了草原可更新环境资源，包括太阳能、风能、雨水化学能、雨水势能和地球旋转能。计算草原能值生态承载力时，第一，计算草原可更新环境资源能值。它等于太阳能、风能、雨水化学能、雨水势能这四者的最大项与地球旋转能的和，其能值计算结果详见表9－3。第二，计算草原能值生态承载力。通过全国草原能值密度，将已计算出的可更新环境资源的太阳能值折算成生物生产性土地面积，再扣除12%进行生物多样性修正，就得到可利用的生物生产性土地面积，即草原能值生态承载力。下文以内蒙古为例，计算其草原能值生态承载力：

由表9－2可知，内蒙古的草原可更新环境资源能值为4.16×10^{23}sej。根据公式（8－15），

内蒙古的草原能值生态承载力＝内蒙古草原可更新环境资源能值（sej）/全国草原能值密度（sej/m^2）×(1－12%)

$$=4.16\times10^{23}/5.28\times10^{11}\times(1-12\%)$$

$$=6.93\times10^{11}\,m^2$$

同理对剩余省（区）的草原能值生态承载力进行计算，如表 9－8 所示。

4. 草原自身消费系数计算

由公式（8－13）可知，草原自身消费系数为草原能值生态足迹与草原能值生态承载力的比值再乘以单位 GDP 能耗系数进行修正。由于我国纳入草原补奖政策范围省份的生产技术水平没有较大差异，本书假设这些省（区）的单位 GDP 能耗系数为 1。

以内蒙古为例，其草原自身消费系数计算公式如下：

$$
\begin{aligned}
\text{内蒙古草原自身消费系数} &= \text{内蒙古草原能值生态足迹}\ (m^2) / \\
&\quad \text{内蒙古草原能值生态承载力}\ (m^2) \times 1 \\
&= 5.86 \times 10^{10} / 6.93 \times 10^{11} \times 1 \\
&= 0.085
\end{aligned}
$$

同理可得其他省（区）的草原自身消费系数，其计算结果如表 9－8 所示。

5. 草原生态自身消费价值计算

由上文可知，在草原生态服务功能价值与草原生态资源稀缺价值和的基础上乘以草原自身消费系数便得到草原生态自身消费价值。

同样，以内蒙古为例，根据公式（8－13）和表 9－3 中的草原生态服务功能价值、表 9－4 中的草原生态资源稀缺价值，计算其草原生态自身消费价值。

$$
\begin{aligned}
\text{内蒙古草原生态自身消费价值}\ (sej) &= [\text{内蒙古草原生态服务功能价值}\ (sej) + \\
&\quad \text{内蒙古草原生态资源稀缺价值}\ (sej)] \times \\
&\quad \text{内蒙古草原自身消费系数} \\
&= (4.42 \times 10^{23} + 2.85 \times 10^{23}) \times 0.085 \\
&= 6.14 \times 10^{22}\,sej
\end{aligned}
$$

类似地，可得其他省（区）的草原生态自身消费价值，如表 9－8 所示。

9.2.4 草原生态外溢价值测算

如前所述，草原生态外溢价值是草原生态服务功能价值加上草原生态资源稀缺价值后再扣除草原生态自身消费价值所得。根据公式（8－1），以内蒙古为例，计算其草原生态外溢价值。

内蒙古草原生态外溢价值（sej）＝内蒙古草原生态服务功能价值（sej）＋内蒙古草原生态资源稀缺价值（sej）－草原生态自身消费价值（sej）

$$=4.42\times10^{23}+2.85\times10^{23}-6.14\times10^{22}$$

$$=6.65\times10^{23}\text{sej}$$

依照以上计算步骤，可得其他省（区）的草原生态外溢价值，如表9－9所示。

表9－9　2016年15个省（区）草原生态外溢价值估算情况

地区	草原生态服务功能价值	草原生态资源稀缺价值	草原生态自身消费价值	草原生态外溢价值
西藏	4.60E+23	4.60E+23	6.28E+21	9.13E+23
内蒙古	4.42E+23	2.85E+23	6.14E+22	6.65E+23
新疆	3.21E+23	2.05E+23	3.07E+22	4.95E+23
青海	2.04E+23	1.61E+23	7.05E+21	3.58E+23
四川	1.14E+23	5.61E+22	1.13E+22	1.59E+23
云南	8.58E+22	4.43E+22	8.16E+21	1.22E+23
甘肃	1.00E+23	5.43E+22	1.00E+22	1.45E+23
黑龙江	4.22E+22	1.40E+22	1.99E+22	3.63E+22
吉林	3.27E+22	1.23E+22	7.20E+21	3.78E+22
山西	2.55E+22	1.06E+22	5.09E+21	3.10E+22
河北	2.64E+22	8.34E+21	2.27E+22	1.21E+22
辽宁	1.90E+22	6.85E+21	9.17E+21	1.67E+22
宁夏	1.69E+22	9.54E+21	7.95E+21	1.85E+22
新疆生产建设兵团	9.64E+21	6.17E+21	6.21E+21	9.59E+21

续表

地区	草原生态服务功能价值	草原生态资源稀缺价值	草原生态自身消费价值	草原生态外溢价值
黑龙江农垦总局	1. 90E +21	6. 29E +20	1. 22E +21	1. 30E +21

由表 9 -9 可知，纳入此次政策范围内的 15 个省（区）草原均存在正的生态外溢价值，即处于生态盈余状态，说明该省（区）草原剔除自身消费后，还为其他区域提供生产生活服务。其中，草原生态外溢价值最高的省份是西藏，为 9.13×10^{23} sej。其次为内蒙古、新疆、青海、四川、甘肃和云南，分别为 6.65×10^{23} sej、4.95×10^{23} sej、3.58×10^{23} sej、1.59×10^{23} sej、1.45×10^{23} sej 和 1.22×10^{23} sej，其余省（区）草原生态外溢价值均在 1.00×10^{23} sej 以上。

9. 3　草原生态补奖支付体系重构

如前所述，仅针对草原生态外溢价值大于零的省（区）进行草原生态补奖资金的分配。2016 年，中央安排 187. 6 亿元的草原生态补奖资金，根据本书构建的公式（8 -2），可重新构建各省的草原生态补奖支付标准，如图 9 -1

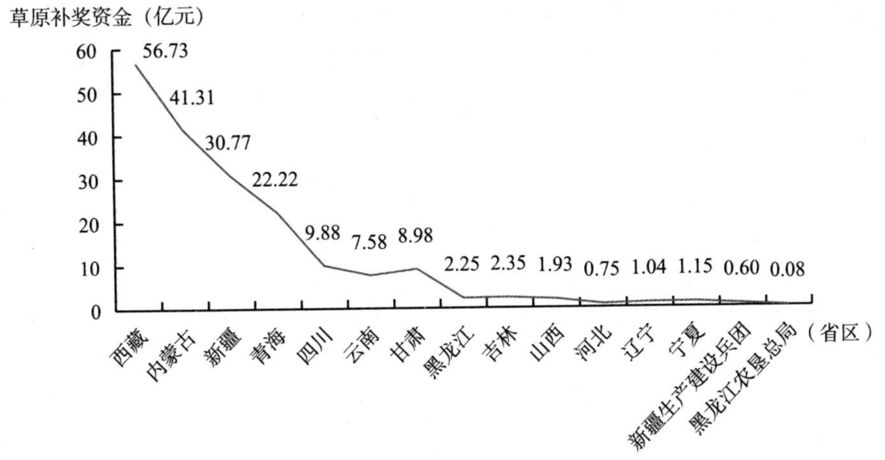

图 9 -1　2016 年草原生态补奖资金重构标准

所示。将各省获得的补奖资金降序排列，此年度的资金划拨标准分别为西藏56.73亿元、内蒙古41.31亿元、新疆30.77亿元、青海22.22亿元、四川9.88亿元、甘肃8.98亿元、云南7.58亿元、吉林2.35亿元、黑龙江2.25亿元、山西1.03亿元、宁夏1.15亿元、辽宁1.04亿元、河北0.75亿元、新疆生产建设兵团0.60亿元、黑龙江农垦总局0.08亿元。

9.4 与现行草原生态补奖支付标准的比较

据现行草原生态补奖支付标准，2016年中央下达西藏、内蒙古、新疆、青海、四川、甘肃和云南草原生态补奖资金分别为28.82亿元、45.75亿元、24.77亿元、24.13亿元、8.80亿元、11.03亿元和5.82亿元。按照能值拓展模型确定的草原生态补奖支付标准，西藏、青海和甘肃3省（区）的补奖支付标准高于现行补奖支付标准，内蒙古、新疆、四川和云南4省（区）的补奖支付标准低于现行补奖支付标准，如表9-10所示。其中，西藏的草原生态补奖支付标准与现行补奖支付标准相比变化幅度最大，为27.91亿元，其余省（区）补奖支付标准变化相对较小。虽然西藏的草原面积约占全国草原面积的1/5，然而其被纳入补奖政策范围内的草原区域（禁牧区域和草畜平衡区域）较少，且禁牧区域占比很小，故根据现行草原生态补奖支付标准测算出的数值较低。若基于能值拓展模型确定西藏草原生态补奖支付标准，不仅考虑到已被纳入草原生态补奖政策范围的草原区域，还兼顾到政策外的草原区域。此外，西藏草原生态系统生物种类繁多，且当地对草原资源的消费较少，故按此标准其草原生态补奖支付标准较高。因此，西藏草原生态补奖支付标准重构前后变化幅度大有迹可循。

表9-10 2016年部分省（区）草原生态补奖支付标准重构前后的比较 单位：亿元

地区	重构标准	现行标准	差距
西藏	56.73	28.82	27.91
内蒙古	41.31	45.75	-4.44

续表

地区	重构标准	现行标准	差距
新疆	30.77	24.77	6.00
青海	22.22	24.13	-1.91
四川	9.88	8.80	1.08
甘肃	8.98	11.03	-2.04
云南	7.58	5.82	1.76

注：现行标准源于 2016 年各省份《草原生态保护补助奖励政策实施方案》或《草原生态保护补助奖励资金管理实施细则》。

第10章 内蒙古草原生态补奖资金分配的实证研究

10.1 数据来源

本研究测算生态外溢价值时所用原始数据来自《中国气象辐射基本要素年值数据集》、《内蒙古统计年鉴》(2017)、各盟市统计公报(2016)。本研究选取内蒙古自治区33个纯牧业旗县和21个半农半牧旗县所在盟市为研究对象，涉及锡林郭勒盟、阿拉善盟、呼伦贝尔市、乌兰察布市、鄂尔多斯市、赤峰市、兴安盟、巴彦淖尔市、包头市等10个盟市。在原始数据的基础上测算10个主要盟市的草原生态服务价值、生态稀缺价值、生态自身消费价值和生态外溢价值，并根据各盟市的草原生态外溢价值，测算草原生态补奖资金的分配额度。

10.2 草原生态服务价值计算

根据公式(8-4)~公式(8-9)和表8-1所列指标值，以内蒙古10个盟市为例，计算其2016年的草原生态系统各类能量。运用能值分析法分别计算10个盟市的太阳能能值、地表风能能值、雨水化学能能值、表土层损失能能值，计算出草原生态服务价值。10个盟市总的生态服务价值为1.45×10^{24}

Sej，其中阿拉善和锡林郭勒生态服务价值较高，分别为 3.26×10^{23} Sej，3.21×10^{23} Sej，两盟约占总价值的44.63%，其次是呼伦贝尔，通辽生态价值为 1.70×10^{23} Sej，约占总量的11.7%，再次是乌兰察布、鄂尔多斯、赤峰、兴安盟等地，最后是巴彦淖尔市和包头市，具体数值见表10-1。

表10-1　　内蒙古10盟市草原生态服务价值　　单位：Sej

地区	太阳能	地表风能	雨水化学能	表土层损失能	生态服务价值
呼伦贝尔	4.87E+22	1.16E+23	1.80E+21	3.22E+21	1.70E+23
兴安盟	2.47E+22	5.35E+22	8.44E+20	1.49E+21	8.05E+22
赤峰	3.02E+22	6.80E+22	1.21E+21	1.89E+21	1.01E+23
通辽	2.74E+22	6.17E+22	1.61E+21	1.72E+21	9.24E+22
锡林郭勒	1.03E+23	2.09E+23	2.87E+21	5.82E+21	3.21E+23
乌兰察布	4.22E+22	7.76E+22	1.63E+21	2.16E+21	1.24E+23
鄂尔多斯	3.79E+22	7.61E+22	2.00E+21	2.12E+21	1.18E+23
包头	1.16E+22	2.32E+22	3.51E+20	6.46E+20	3.58E+22
巴彦淖尔	2.86E+22	5.15E+22	3.34E+20	1.43E+21	8.19E+22
阿拉善	1.14E+23	2.05E+23	2.47E+21	5.69E+21	3.26E+23
合计	4.68E+23	9.41E+23	1.51E+22	2.62E+22	1.45E+24

10.3　草原生态稀缺价值计算

根据公式（8-10）~公式（8-12）和对已有研究文献梳理可得各盟市的草原生态生物多样性系数。郑晓翾等（2008）计算呼伦贝尔草原植被多样性，包萨如拉（2012）计算锡林郭勒的草原植被多样性，黄永梅等（2006）计算鄂尔多斯高原草原植被多样性，杨崇曜等（2017）测算内蒙古西部地区草原植被多样性。对文献进行整理可得内蒙古东中西不同区域的各盟市植被多样性如下：内蒙古东部四盟市草本植被的分布与类型相似度都较高，可划为同一地理单元分析，东部四盟市的草原植被多样性系数如下：呼伦贝尔的生物多样性系数为2.64，赤峰和兴安盟系数为2.33，通辽系数为2.04，内蒙古中部地区：锡林郭勒的综合系数为2.01，乌兰察布为1.9，内蒙古西部地区：鄂尔多斯为1.8，包头为2.1，巴彦淖尔为1.8，阿拉善为1.5。为了便于计算，将数据进行标准化处理，使得系数处于0到1之间，得到生物多样性系数，并根据公式（8－10）测得10盟市的生态稀缺价值，如表10－2所示。

表10－2　　内蒙古10盟市草原生态稀缺价值　　单位：Sej

地区	S－W指数	生物多样性系数	生态服务价值	生态稀缺价值
呼伦贝尔	2.64	0.9	1.70E+23	1.53E+23
兴安盟	2.33	0.71	8.05E+22	5.69E+22
赤峰	2.33	0.71	1.01E+23	7.15E+22
通辽	2.04	0.53	9.24E+22	4.85E+22
锡林郭勒	2.01	0.51	3.21E+23	1.62E+23
乌兰察布	1.9	0.44	1.24E+23	5.40E+22
鄂尔多斯	1.8	0.38	1.18E+23	4.43E+22
包头	2.1	0.56	3.58E+22	2.01E+22
巴彦淖尔	1.8	0.38	8.19E+22	3.07E+22
阿拉善	1.5	0.19	3.26E+23	6.14E+22

10.4　草原生态自身消费价值计算

草原牧区的自身消费价值只统计来自草原的产品产量，包括牛肉、羊肉、奶类、绵羊毛、山羊毛和山羊绒等消费品的产量。

根据公式（8－13）~公式（8－15），结合统计数据可计算内蒙古10盟市草原生态自身消费价值，在计算能值生态足迹时使用全球公顷能值密度 P（单位 sej/ghm^2）指标，它是全球能值输入与生态承载力之比，全球每年自然的能值输入约为 15.83 × 10^{24} sej，2003 年全球的整体生态承载力 1.13 × 10^{10} ghm^2，故而 P = 14.01 × 10^{14} sej/ghm^2，具体数值如表 10 - 3 所示。

表 10 - 3　　内蒙古 10 盟市草原生态自身消费价值

地区	总生态足迹（ghm^2）	潜在生态承载力（ghm^2）	生态自身消费系数	生态自身价值（sej）
呼伦贝尔	4.89E +07	3.29E +08	0.1488	4.80E +22
兴安盟	2.02E +07	1.52E +08	0.1334	1.83E +22
赤峰	3.29E +07	1.93E +08	0.1706	2.95E +22
通辽	3.03E +07	1.75E +08	0.1732	2.44E +22
锡林郭勒	4.19E +07	5.94E +08	0.0706	3.41E +22
乌兰察布	2.79E +07	2.20E +08	0.1270	2.26E +22
鄂尔多斯	1.52E +07	2.16E +08	0.0705	1.14E +22
包头	2.79E +07	6.58E +07	0.4242	2.37E +22
巴彦淖尔	2.93E +07	1.46E +08	0.2004	2.26E +22
阿拉善	2.01E +06	5.80E +08	0.0035	1.35E +21

10.5　草原生态外溢价值及草原生态补奖资金分配

根据公式（8 - 1）和表 10 - 1、表 10 - 2 和表 10 - 3 可得内蒙古 10 盟市的生态外溢价值；“十二五”期间，内蒙古草原生态补奖资金总额为 300 亿元，据公式（8 - 2）计算各盟确定各盟市分配的生态补奖资金，如表 10 - 4 所示。

表 10-4　　内蒙古 10 盟市地原生态外溢价值及补奖资金分配

地区	生态服务价值（sej）	生态稀缺价值（sej）	生态自身消费价值（sej）	生态外溢价值（sej）	补奖资金（亿元）
呼伦贝尔	1.70E+23	1.53E+23	4.80E+22	2.74E+23	42.90
兴安盟	8.05E+22	5.69E+22	1.83E+22	1.19E+23	18.63
赤峰	1.01E+23	7.15E+22	2.95E+22	1.43E+23	22.39
通辽	9.24E+22	4.85E+22	2.44E+22	1.16E+23	18.16
锡林郭勒	3.21E+23	1.62E+23	3.41E+22	4.49E+23	70.30
乌兰察布	1.24E+23	5.40E+22	2.26E+22	1.55E+23	24.27
鄂尔多斯	1.18E+23	4.43E+22	1.14E+22	1.51E+23	23.64
包头	3.58E+22	2.01E+22	2.37E+22	3.22E+22	5.04
巴彦淖尔	8.19E+22	3.07E+22	2.26E+22	9.00E+22	14.09
阿拉善	3.26E+23	6.14E+22	1.35E+21	3.87E+23	60.59

从整体上看内蒙古 10 盟市均存在正生态外溢价值，也意味着整体草原牧区处于生态盈余状态，因此，根据生态外溢价值补偿理念，内蒙古 10 个盟市都可获得草原生态补奖资金支持。其中，锡林郭勒盟 70.30 亿元、阿拉善盟 60.59 亿元、呼伦贝尔市 42.90 亿元、乌兰察布市 24.27 亿元、鄂尔多斯市 23.64 亿元、赤峰市 22.39 亿元、兴安盟 18.63 亿元、巴彦淖尔市 14.09 亿元、包头市 5.04 亿元。

第 11 章
结论与展望

11.1 结　论

本书在借鉴经济学、生态经济学、资源与环境经济学和生态学等相关研究成果，运用 DPSIR 模型构建草原生态补偿绩效评价模型，运用系统动力学方法研究草原生态补偿对牧民收入的影响，运用能值指标的测算研究了草原生态补奖政策前后草原生态系统能值的变化，利用能值理论、生态足迹与生态承载力理论构建了草原生态补奖资金的分配体系。

本书得出以下研究结论：

第一，在回顾草原生态补偿实践的基础上，运用 DPSIR 模型从驱动力、压力、状态、影响和响应五个方面构建草原生态补偿效果综合评价指标体系。在此基础上，运用熵权法和加权平均法对内蒙古草原生态补偿效果进行了综合评价。评价结果显示：随着草原生态补偿政策的不断推进与深入，内蒙古草原生态补偿效果总体呈现上升趋势。

第二，在文献整理的基础上研究了草原生态补偿标准对牧民收入的影响机理，据此构建了草原生态补偿标准对牧民收入影响的系统动力学模型，并将模型应用到内蒙古锡林郭勒盟，通过对补偿标准的调整进行政策模拟，模拟的结果显示不同的草原生态补偿标准对锡林郭勒盟牧民的收入水平、收入结构以及草原生态情况的影响，从而确定了最理想的锡林郭勒盟草原生态补偿标准。

第三，本书根据美国生态经济学家奥杜姆等提出的能值理论绘制了我国草原生态系统的能值流图和草原生态系统能值系统图，在此基础上，构建了反映草原生态系统结构、功能和效率的能值指标体系，并通过测算我国五大主要草原牧区的各项能值指标，分析草原生态补奖政策实施前后五大草原牧区可持续发展指数的变化。

第四，以草原生态外溢价值为理论依据，通过建立能值拓展模型重构草原生态补奖标准。本书提出确定草原生态补奖标准的新的理论依据，即草原生态外溢价值，据此重构草原生态补奖标准。通过建立能值拓展模型测算草原生态外溢价值，避免了以往草原生态价值估算方法所带来的主观影响以及缺乏统一标准的问题，对目前我国生态补偿标准确定方法予以改进。

第五，以 2016 年中央下拨的 187.6 亿元草原生态补奖资金为例，利用能值拓展模型测算各省的草原生态外溢价值，在此基础上重构草原生态补奖标准并与现行补奖标准进行比较分析。在此基础上，进一步以内蒙古为例，测算内蒙古 10 个主要盟市的草原生态服务价值、生态稀缺价值、生态自身消费价值和生态外溢价值，并根据各盟市的草原生态外溢价值，测算内蒙古草原生态补奖资金的分配额度。

11.2 未来研究展望

本书主要是针对草原生态补偿机制实行以来，特别是草原生态补助奖励机制实行以来，草原生态补偿的效果以及对牧民收入的影响进行研究，并在此基础上，对中央的草原生态补奖资金分配体系从理论上进行重新构建，主要研究的是草原生态纵向补偿机制。但是，本书没有对各省市自治区的横向空间草原生态补偿机制进行研究，所以，我们希望以后展开草原生态横向补偿机制方面的研究。

参考文献

［1］包贵萍，梁小亮，梁颖，等．南方红壤丘陵耕地生态修复补偿标准研究［J］．资源科学，2019，41（02）：247－256.

［2］包萨如拉．锡林郭勒盟植物物种和群落多样性研究［D］．呼和浩特：内蒙古大学，2012.

［3］蔡博峰，秦大唐．能值理论在生态系统稳定性研究中的应用［J］．环境科学，2004，25（5）：66－71.

［4］曹明兰，李亚东．基于能值分析的唐山市生态安全评价［J］．应用生态学报，2009，20（09）：2214－2218.

［5］曹叶军，李笑春，刘天明．草原生态补偿存在的问题及其原因分析——以锡林郭勒盟为例［J］．中国草地学报，2010，32（04）：10－16.

［6］陈丹，陈菁，罗朝晖．天然水资源价值评估的能值方法及应用［J］．水利学报，2006，37（10）：1188－1192.

［7］陈东景，徐中民．干旱区农业生态经济系统的能值分析——以黑河流域中游张掖地区为例［J］．冰川冻土，2002，24（4）：374－379.

［8］陈风波，刘晓丽，冯肖映．水稻生产补贴政策实施效果及农户的认知与评价——来自长江中下游水稻产区的调查［J］．华南农业大学学报（社会科学版），2011，10（02）：1－12.

［9］陈克龙，苏茂新，李双成，卢京花，陈英玉，张斐，刘志杰．西宁市城市生态系统健康评价［J］．地理研究，2010，29（02）：214－222.

［10］陈敏刚，金佩华．中国蚕桑生态系统能值分析［J］．应用生态学

报，2006，17（2）：233-236.

[11] 陈晓，王鹏，姚晓艳，孔福星．基于能值分析的宁夏各市生态经济系统研究［J］．安徽农业科学，2017，45（16）：219-221，240.

[12] 陈仲新，张新时．中国生态系统效益的价值［J］．科学通报，2000（01）：17-22.

[13] 陈佐忠，汪诗平．关于建立草原生态补偿机制的探讨［J］．草地学报，2006（01）：1-3.

[14] 陈佐忠，汪诗平．关于建立草原生态补偿机制的探讨［J］．草地学报，2006（01）：1-3，8.

[15] 崔丽娟，赵欣胜．鄱阳湖湿地生态能值分析研究［J］．生态学报，2004，24（7）：1480-1485.

[16] 崔亚楠，李少伟，余成群，田原，钟志明，武建双．西藏天然草原生态保护补助奖励．

[17] 戴微著，谭淑豪．草原生态补奖政策效果评价——基于内蒙古典型牧区调研的制度分析［J］．生态经济，2018，34（03）：196-201.

[18] 单薇，方茂中．基于主成分构建生态补偿效益评价模型［J］．河南科学，2009（11）：1441-1444.

[19] 邓波，洪绂曾，高洪文．基于能值分析理论的草业生态经济系统可持续发展评价体系［J］．草地学报，2004，12（3）：251-255.

[20] 邓一君．西北生态脆弱区生态补偿标准的经济学实证研究［D］．兰州：兰州理工大学，2014.

[21] 范红红．产业规制中的生态补偿机制研究［D］．青岛：中国海洋大学，2011.

[22] 方敏哲，岳德鹏，张启斌，于强，方巍．基于能值分析的磴口县土地生态经济系统可持续性研究［J］．西北林学院学报，2017，32（04）：178-185，228.

[23] 冯·诺依曼，摩根斯顿．博弈论与经济行为［M］．北京：生活·读书·新知三联书店，2004.

[24] 伏润民，缪小林．中国生态功能区财政转移支付制度体系重构——基于拓展的能值模型衡量的生态外溢价值［J］．经济研究，2015，50

(03)：47－61.

［25］付意成，高婷，闫丽娟，等．基于能值分析的永定河流域农业生态补偿标准［J］．农业工程学报，2013，29（01）：209－217.

［26］盖志毅．英国圈地运动对我国草原生态系统可持续发展的启示［J］．内蒙古社会科学，2006，6（27）：93－98.

［27］高鸿业．西方经济学（微观部分）［M］．北京：高等教育出版社，2006：380－400.

［28］龚高健．中国生态补偿若干问题研究［M］．北京：中国社会科学出版社，2011.

［29］龚志明．湖南杂交早稻种植面积较小的原因与对策［J］．作物研究，2012，26（05）：552－554.

［30］巩芳．草原生态四元补偿主体模型的构建与演进研究［J］．干旱区资源与环境，2015，2（29）：21－26.

［31］巩芳，长青，王芳，刘鑫．内蒙古草原生态补偿标准的实证研究［J］．干旱区资源与环境，2011（12）：2－7.

［32］巩芳，常青．复合型多层次草原生态补偿机制研究［J］．内蒙古社会科学，2010（6）：96－101.

［33］巩芳，常青．复合型多层次草原生态补偿机制研究［J］．内蒙古社会科学（汉文版），2010，31（06）：96－100.

［34］巩芳，常青，盖志毅，长青．基于耗散结构的草原生态系统的动态分析［J］．干旱区资源与环境，2011（1）：11－14.

［35］巩芳，常青，郝晓燕，文宗川．草原生态的空间网络化补偿模式研究［J］．青海社会科学，2009（12）：5－8.

［36］巩芳，陈宝新．基于DPSIR模型的草原生态补偿效果综合评价研究——以内蒙古为例［D］．呼和浩特：内蒙古农业大学学报（社科版），2019，5（21）：1－6.

［37］巩芳，盖志毅，长青．论保护草原生态与内蒙古经济持续发展［J］．农业现代化研究，2008（3）：314－317.

［38］巩芳，盖志毅，长青．增加地方财政收入与保护草原生态的矛盾研究［J］．乡镇经济，2008（2）：70－73.

[39] 巩芳，郭宇超，李梦圆. 基于拓展能值模型的草原生态外溢价值补偿研究——以内蒙古草原生态补奖为例 [J]. 黑龙江畜牧兽医，2020 (02)：7-11，15.

[40] 巩芳，韩青. 草原生态补偿标准对牧民收入的影响研究——以锡林郭勒盟为例 [J]. 资源与产业，2019，5 (21)：44-51.

[41] 巩芳，胡艺. 矿产资源开发生态补偿主体之间的博弈分析 [J]. 矿业研究与开发，2015，3 (35)：93-97.

[42] 巩芳，庞雪倩. 基于拓展能值模型的草原生态补奖资金分配标准重构研究 [J]. 干换取资源与环境，2020，2 (34)：102-108.

[43] 巩芳. 生态补偿机制对草原生态环境库兹尼茨曲线的优化研究，干旱区资源与环境，2016，3 (30)：38-42.

[44] 巩芳，王芳，长青，刘鑫. 内蒙古草原生态补偿意愿的实证研究 [J]. 经济地理，2011 (1)：144-148.

[45] 关于下达2003年退牧还草任务的通知 [J]. 中华人民共和国国务院公报，2003 (16)：14-16.

[46] 郭玮，李炜. 基于多元统计分析的生态补偿转移支付效果评价 [J]. 经济问题，2014 (11)：92-97.

[47] 国家环境保护总局. 2000年中国环境状况公报 [J]. 环境保护，2001 (7)：10-19.

[48] 国家环境保护总局. 2005中国环境状况公报 [J]. 环境保护，2006 (12)：10-19.

[49] 国务院. 关于促进牧区又好又快发展的若干意见 [Z]. 中国政府网 (http：//www. gov. cn/). 2011.

[50] 国务院关于加强草原保护与建设的若干意见 [J]. 中华人民共和国国务院公报，2002 (30)：13-15.

[51] 郝婷. 内蒙古草原生态保护补助奖励政策实施效果评价 [D]. 呼和浩特：内蒙古农业大学，2016.

[52] 苏浩. 基于生态足迹和生态系统服务价值的河南省耕地生态补偿研究 [D]. 哈尔滨：东北农业大学，2014.

[53] 洪伟，吴承祯. Shannon-Wiener指数的改进 [J]. 热带亚热带植

物学报，1999（02）：120－124.

［54］侯扶江，王春梅，娄珊宁，侯向阳，呼天明．我国草原生产力［J］．中国工程科学，2016，18（01）：80－93.

［55］侯向阳，杨理，韩颖．实施草原生态补偿的意义、趋势和建议［J］．中国草地学报，2008（05）：1－6.

［56］胡世辉，章力建．西藏工布自然保护区生态系统服务价值评估与管理［J］．地理科学进展，2010（02）：217－224.

［57］胡勇．亟须建立和完善草原生态补偿机制［J］．宏观经济管理，2009（6）：40－45.

［58］胡振通，孔德帅，靳乐山．草原生态补偿：弱监管下的博弈分析［J］．农业经济问题，2016，37（01）：95－102，112.

［59］胡振通，孔德帅，魏同洋，靳乐山．草原生态补偿：减畜和补偿的对等关系［J］．自然资源学报，2015，30（11）：1846－1859.

［60］胡振通，柳荻，靳乐山．草原生态补偿：生态绩效、收入影响和政策满意度［J］．中国人口·资源与环境，2016，26（01）：165－176.

［61］胡振通．中国草原生态补偿机制［D］．北京：中国农业大学，2016.

［62］黄学锋，金晓斌，张晓霞，周寅康．土地整治项目对农田生态系统影响的能值分析［J］．中国农业大学学报，2017，22（04）：47－58.

［63］黄永梅，张明理．鄂尔多斯高原植物群落多样性时空变化特点［J］．生物多样性，2006（01）：13－20.

［64］吉本斯·罗伯特等．博弈论基础［M］．北京：中国社会科学出版社，2011.

［65］贾舒娴，黄健柏，钟美瑞．生态文明建设背景下江西省有色金属矿产开发生态影响能值分析［J］．长江流域资源与环境，2017，26（09）：1378－1387.

［66］蒋毓琪，陈珂，朱少英，等．浑河流域森林生态补偿标准测算［J］．水土保持通报，2018，38（06）：206－211，216.

［67］金其铭．人文地理概论［M］．北京：高等教育出版社，1994：25－30.

［68］蓝盛芳，钦佩，陆宏芳．生态经济系统能值分析［M］．北京：化学工业出版社，2002.

[69] 蓝盛芳，钦佩．生态系统的能值分析 [J]．应用生态学报，2001，12 (1)：129-131.

[70] 李寒娥，蓝盛芳，陆宏芳．奥德姆与中国的能值研究（英文）[J]．生态科学，2005，24 (2)：182-187.

[71] 李洪波，李燕燕．武夷山自然保护区生态旅游系统能值分析 [J]．生态学报，2008，11 (29)：5869-5876.

[72] 李佳佳．中国工业系统的能值核算与分析 [D]．南京：南京财经大学，2012.

[73] 李俊莉，曹明明．生态脆弱区资源型城市农业生态系统的能值分析——以榆林市为例 [J]．中国农业科学，2012，45 (12)：2552-2560.

[74] 李淑娟，周婧．能值理论在海岛生态旅游中的应用研究 [J]．资源开发与市场，2012，28 (03)：282-284.

[75] 李淑文．环境正义理论的梳理与探讨 [J]．生产力研究，2013 (03)：7-9，42.

[76] 李文华，张彪，谢高地．中国生态系统服务研究的回顾与展望 [J]．自然资源学报，2009，24 (01)：1-10.

[77] 李晓光，苗鸿，郑华，等．机会成本法在确定生态补偿标准中的应用——以海南中部山区为例 [J]．生态学报，2009，29 (09)：4875-4883.

[78] 李雪梅，曾铁林，刘洋．盘锦芦苇湿地生态系统演替的能值分析 [J]．黑龙江环境通报，2009，33 (3)：14-17.

[79] 李玉新，魏同洋，靳乐山．牧民对草原生态补偿政策评价及其影响因素研究——以内蒙古四子王旗为例 [J]．资源科学，2014，36 (11)：2442-2450.

[80] 梁春玲，谷胜利．南四湖湿地生态系统能值分析与区域发展 [J]．水土保持研究，2012，19 (02)：185-188.

[81] 林慧龙，任继周，傅华．草地农业生态系统中的能值分析方法评价 [J]．草业学报，2005，04：1-7.

[82] 刘琦，明博．GIS 支持下生态系统土壤保持生态价值评估——以太原市城区及近郊区为例 [J]．土壤通报，2011，42 (02)：456-460.

[83] 刘卫先. 美国环境正义理论的发展历程、目标演进及其困境 [J]. 国外社会科学, 2017 (03): 58-65.

[84] 刘文婧, 耿涌, 孙露, 等. 基于能值理论的有色金属矿产资源开采生态补偿机制 [J]. 生态学报, 2016, 36 (24): 8154-8163.

[85] 卢佳欢, 陈焱, 朱梦旗. 扎龙自然保护区游客的生态补偿支付意愿研究 [J]. 生态经济, 2018, 34 (07): 208-214.

[86] 陆宏芳, 陈飞鹏, 任海, 等. 产业生态系统多尺度能值整合评价方法 [J]. 生态环境, 2006, 15 (2): 411-415.

[87] 陆宏芳, 蓝盛芳, 彭少麟. 系统可持续发展的能值评价指标的新拓展 [J]. 环境学报, 2003, 24 (3): 150-154.

[88] 陆宏芳, 沈善瑞, 陈洁, 等. 生态经济系统的一种整合评价方法: 能值理论与分析方法 [J]. 生态环境, 2005, 14 (1): 121-126.

[89] 陆宏芳, 叶正, 赵新锋, 等. 城市可持续发展能力的能值评价新指标 (英文) [J]. 生态学报, 2003, 23 (7): 1363-1368.

[90] 吕翠美. 区域水资源生态经济价值的能值研究 [D]. 郑州: 郑州大学博士学位论文, 2009.

[91] 吕翠美, 吴泽宁. 水资源生态经济价值能值分析框架 [J]. 三峡大学学报 (自然科学版), 2010, 32 (1): 27-31.

[92] 吕悦风, 谢丽, 孙华, 等. 基于化肥施用控制的稻田生态补偿标准研究——以南京市溧水区为例 [J]. 生态学报, 2019, 39 (01): 63-72.

[93] 罗玉和, 丁力行. 基于能值理论的生物质发电系统评价 [J]. 中国电机工程学报, 2009, 32: 112-117.

[94] 马兆良, 田淑英. 生态资本外部性、人力资本积累与创新 [J]. 江西财经大学学报, 2016 (02): 3-10.

[95] 毛汉英, 陈为民主编. 人地系统与区域持续发展研究 [M]. 北京: 中国科学技术出版社, 1995: 35-55.

[96] 毛德华, 胡光伟, 刘慧杰, 李正最, 李志龙, 谭子芳. 基于能值分析的洞庭湖区退田还湖生态补偿标准 [J]. 应用生态学报, 2014, 25 (02): 525-532.

[97] 聂承静, 程梦林. 基于边际效应理论的地区横向森林生态补偿研

究——以北京和河北张承地区为例［J］. 林业经济，2019，41（01）：24－31，40.

［98］农业部办公厅. 农业部贯彻落实党中央国务院有关“三农”重点工作实施方案［Z］. 中华人民共和国农业农村部.

［99］农业部，财政部. 关于做好建立草原生态保护补助奖励机制前期工作的通知［Z］. 中华人民共和国农业农村部.

［100］农业部，财政部. 新一轮草原生态保护补助奖励政策实施指导意见（2016－2020）［Z］. 中华人民共和国农业部（http：//www. moa. gov. cn/）. 2016.

［101］农业部草原监理中心. 2015年中国草原监测报告［R］. 中国草原（农业部草原监理中心）（http：//www. grassland. gov. cn/）. 2015.

［102］农业部草原监理中心. 2014年中国草原监测报告［R］. 中国草原（农业部草原监理中心）（http：//www. grassland. gov. cn/）. 2014.

［103］潘静，张颖，李秀山. 森林文化价值保护支付意愿及其评估研究——以甘肃省（区）迭部县为例［J］. 干旱区资源与环境，2017，31（09）：32－37.

［104］潘少兵. 生态补偿机制建立的经济学原理及补偿模式［J］. 安庆师范学院学报（社会科学版），2008（10）：6－9.

［105］齐拓野. 基于能值分析的黄土高原丘陵区退耕还林还草效益研究——以宁夏彭阳县为例［D］. 银川：宁夏大学博士学位论文，2014.

［106］祁应军. 草原生态补偿标准对补偿效率的影响研究［D］. 兰州大学，2017.

［107］钦佩，黄玉山，谭凤仪. 从能值分析的方法来看米埔自然保护区的生态功能［J］. 自然杂志，1999，21（2）.

［108］秦传新，董双林，王芳，等. 能值理论在我国北方刺参（Apostichopus japonicus）养殖池塘的环境可持续性分析中的应用［J］. 武汉大学学报（理学版），2009，55（3）：319－323.

［109］饶清华，林秀珠，邱宇，等. 基于机会成本的闽江流域生态补偿标准研究［J］. 海洋环境科学，2018，37（05）：655－662.

［110］任继周. 放牧，草原生态系统存在的基本方式——兼论放牧的转

型［J］．自然资源学报，2012，27（08）：1259－1275.

［111］苏美蓉，杨志峰，陈彬．基于能值－生命力指数的城市生态系统健康集对分析［J］．中国环境科学，2009，29（08）：892－896.

［112］沈善瑞，陆宏芳，赵新锋，等．能值研究的几个前沿命题门热带亚热带植物学报，2004，12（3）：268－272.

［113］蓝盛芳等编著．生态经济系统能值分析［M］．北京：化学工业出版社，2002.

［114］盛文萍，甄霖，肖玉．差异化的生态公益林生态补偿标准——以北京市为例［J］．生态学报，2019，39（01）：45－52.

［115］舒帮荣，徐梦洁，黄向球，等．江苏省耕地生态经济系统能值分析［J］．农业现代化研究，2007，28（6）：743－745.

［116］粟娟，蓝胜芳．评估森林综合效益的新方法——能值分析法［J］．世界林业研究，2000，13（1）：32－37.

［117］隋春花，蓝盛芳．广州城市生态系统能值分析研究［J］．重庆环境学，2001，23（5）：4－6，23.

［118］隋春花，张耀辉，蓝盛芳．环境经济系统能值（Emergy）评价——介绍Odum的能值理论［J］．重庆环境科学，1990，21（1）：20－22.

［119］孙东林，刘圣，姚成，钦佩．用能值分析理论修改生物承载力的计算方法——以苏北互花米草生态系统为例［J］．南京大学学报（自然科学版），2007（05）：501－508.

［120］孙凡，杨松等．基于能值理论的自然生态系统经济价值研究——以大巴山南坡雪宝山自然生态系统为例［J］．西南师范人学学报，2009，34（5）：205－209.

［121］孙玉峰，郭全营．基于能值分析法的矿区循环经济系统生态效率分析［J］．生态学报，2014，34（3）：1－8.

［122］塔娜．内蒙古镶黄旗草原生态可持续发展研究［D］．呼和浩特：内蒙古农业大学，2005.

［123］谭程程，吕洁华．黑龙江省生态经济系统能值的情景预测［J］．林业经济，2012（04）：39－42.

［124］汤萃文，杨莎莎，刘丽娟，等．基于能值理论的东祁连山森林生

态系统服务功能价值评价 [J]. 生态学杂志，2012，31 (02)：433 -439.

[125] 滕腾，赵丹，陈新新，王智宇，马俊杰．基于能值理论的西安市浐灞生态区生态系统可持续性分析 [J]. 水土保持通报，2018，38 (02)：228 -235.

[126] 汪晶晶．黄山风景区旅游系统能值研究 [D]. 芜湖：安徽师范大学，2012.

[127] 王兵，郑秋红，郭浩．基于 Shannon - Wiener 指数的中国森林物种多样性保育价值评估方法 [J]. 林业科学研究，2008 (02)：268 -274.

[128] 王丹，黄季焜．草原生态保护补助奖励政策对牧户非农就业生计的影响 [J]. 资源科学，2018，40 (07)：1344 -1353.

[129] 王丹，黄季焜．政策对农牧民家庭收入的影响 [J]. 草业学报，2017，26 (03)：22 -32.

[130] 王国成．基于 DPSIR 模型的草原生态补偿综合评价 [D]. 兰州：兰州大学，2014.

[131] 王丽佳，刘兴元．牧民对草地生态补偿政策的满意度实证研究 [J]. 生态学报，2017，37 (17)：5798 -5806.

[132] 王楠楠，章锦河，刘泽华，钟士恩，李升峰．九寨沟自然保护区旅游生态系统能值分析 [J]. 地理研究，2013，32 (12)：2346 -2356.

[133] 王欧．退牧还草地区生态补偿机制研究 [J]. 中国人口·资源与环境，2006 (04)：33 -38.

[134] 王伟伟，周立华，孙燕，陈勇．禁牧政策对宁夏盐池县农业生态系统服务影响的能值分析 [J]. 生态学报，2019，39 (01)：146 -157.

[135] 王显金，钟昌标．关于海涂围垦生态补偿标准的研究——基于能值理论对杭州湾新区海涂围垦生态价值的分析 [J]. 价格理论与实践，2018 (01)：122 -125.

[136] 王显金，钟昌标．沿海滩涂围垦生态补偿标准构建——基于能值拓展模型衡量的生态外溢价值 [J]. 自然资源学报，2017，32 (05)：742 -754.

[137] 王小亭，于勇，高吉喜．用能值方法分析我国造纸工业的可持续发展 [J]. 中国造纸，2009，28 (10)：73 -78.

[138] 王焱镤，朱利群．基于能值理论的江苏省稻麦秸秆综合利用生态足迹分析 [J]. 安徽农业科学，2015，43 (24)：193 - 196.

[139] 王奕淇，李国平．基于能值拓展的流域生态外溢价值补偿研究——以渭河流域上游为例 [J]. 中国人口·资源与环境，2016，26 (11)：69 - 75.

[140] 王奕淇，李国平．流域生态服务价值供给的补偿标准评估——以渭河流域上游为例 [J]. 生态学报，2019，39 (01)：108 - 116.

[141] 王智宇，马俊杰，李鹏飞，赵丹，滕腾，杨煜岑．基于能值分析的西安市三个发展核心区可持续性研究 [J]. 地球环境学报，2018，9 (02)：210 - 222.

[142] 闻大中．农业生态系统的能量分析、能量生态——理论、方法与实践 [M]. 长春：吉林科技出版社，1993.

[143] 闻大中．农业生态系统能流的研究方法（二）[J]. 农村生态环境，1986，2 (2)：48 - 51.

[144] 闻大中．农业生态系统能流的研究方法（一）[J]. 农村生态环境，1985，1 (4)：47 - 52.

[145] 翁海晶．祁连山自然保护区森林生态效益评价与补偿机制研究 [D]. 兰州：兰州大学，2012.

[146] 吴传钧，刘建一．甘国辉等．现代经济地理学 [M]. 南京：江苏教育出版社，1997：113 - 121.

[147] 吴强，PENG Yuanying，马恒运，等．森林生态系统服务价值及其补偿校准——以马尾松林为例 [J]. 生态学报，2019，39 (01)：117 - 130.

[148] 谢高地，张彩霞，张昌顺，肖玉，鲁春霞．中国生态系统服务的价值 [J]. 资源科学，2015，37 (09)：1740 - 1746.

[149] 谢高地，张钇锂，鲁春霞，郑度，成升魁．中国自然草地生态系统服务价值 [J]. 自然资源学报，2001 (01)：47 - 53.

[150] 杨崇曜，李恩贵，陈慧颖，张景慧，黄永梅．内蒙古西部自然植被的物种多样性及其影响因素 [J]. 生物多样性，2017，25 (12)：1303 - 1312.

[151] 杨欣，蔡银莺．农田生态补偿方式的选择及市场运作——基于武汉市 383 户农户问卷的实证研究 [J]．长江流域资源与环境，2012，21 (05)：591 -596.

[152] 姚成胜，陆宏芳，蓝盛芳，等．城市复合生态系统能值整合分析研究方法论 [J]．城市环境与城市生态，2005，18 (4)：34 -37.

[153] 叶岱夫．人地关系地域系统与可持续发展的相互作用机理 [J]．地理研究，2001，20 (3)：307 -314.

[154] 叶晗，朱立志．内蒙古牧区草地生态补偿实践评析 [J]．草业科学，2014，31 (08)：1587 -1596.

[155] 叶永恒，刘凌岩，张丹，曲国志，刘灿香，魏莉．生态环境破坏补偿费征收原则和计算方法 [J]．辽宁城乡环境科技，1998 (04)：16 -22.

[156] 易定宏，文礼章，肖强，胡聃，李锋，游芳．基于能值理论的贵州省生态经济系统分析 [J]．生态学报，2010，30 (20)：5635 -5645.

[157] 于水潇，赵瑞东，赵青，等．基于能值分析和生态用地分类的河北省生态补偿研究 [J]．水土保持研究，2017，24 (04)：324 -329，336.

[158] 于遵波，洪绂曾，韩建国，等．基于能值理论评估草地生态系统的价值 [J]．东北林业大学学报，2006，01：52 -55.

[159] 袁瑞娟，李凯琳．基于意愿调查评估法的东苕溪水质改善的社会效益评估 [J]．地理科学，2018，38 (07)：1183 -1188.

[160] 苑莉．基于可持续理念下的土地生态系统价值评估——以四川省乐至县为例 [J]．经济体制改革，2009 (04)：169 -173.

[161] 岳思羽．汉江流域生态补偿效益的评价研究 [J]．环境科学导刊，2012 (02)：42 -45.

[162] 张国兴，马玲飞．基于能值分析的资源型区域生态经济系统研究 [J]．生态经济，2018，34 (12)：40 -46.

[163] 张辉．我国林业生态补偿的绩效评价 [D]．杭州：浙江理工大学，2016.

[164] 张建肖，安树伟．国内外生态补偿研究综述 [J]．西安石油大学学报（社会科学版），2009，18 (01)：23 -28.

[165] 张晶渝，杨庆媛，毕国华，等．农户生计视角下的休耕补偿模式

研究——以河北省平乡县为例［J］. 干旱区资源与环境，2019，33（05）：25－30.

［166］张新华，鲁金萍，谷树忠，等．新疆草原生态补偿政策实施效应评价［J］. 干旱区资源与环境，2017，31（12）：39－44.

［167］张耀辉，蓝盛芳等．海南省农业能值分析［J］. 农村生态环境，1999（1）.

［168］张耀辉．农业生态系统能值分析方法［J］. 中国生态农业学报，2004，12（3）：186－188.

［169］张茵，蔡运龙．条件估值法评估环境资源价值的研究进展［J］. 北京大学学报（自然科学版），2005（02）：317－328.

［170］张颖．基于能值理论的福建省森林资源系统能值及价值评估［D］. 福州：福建师范大学硕士学位论文，2008.

［171］张玉芳，董孝斌，严茂超，张新时．基于能值的天山北坡经济带农牧系统可持续评估［J］. 生态学杂志，2007（11）：1901－1906.

［172］张志民，延军平，张小民．建立中国草原生态补偿机制的依据、原则及配套政策研究［J］. 干旱区资源与环境，2007（08）：142－146.

［173］张子龙，陈兴鹏，焦文婷，等．基于能值理论的环境承载力定量评价方法探讨及其应用［J］. 干旱区资源与环境，2011，25（8）：18－23.

［174］赵军，杨凯．生态系统服务价值评估研究进展［J］. 生态学报，2007（01）：346－356.

［175］赵志强，李双成，高阳．基于能值改进的开放系统生态足迹模型及其应用——以深圳市为例［J］. 生态学报，2008（05）：2220－2231.

［176］郑晓翾，靳甜甜，木丽芬，刘国华．呼伦贝尔草原物种多样性与生物量、环境因子的关系［J］. 中国草地学报，2008，30（06）：74－81.

［177］中国21世纪议程管理中心可持续发展战略研究组．发展的基础：中国可持续发展的资源、生态基础评价［M］. 北京：社会科学文献出版社，2004（18）.

［178］钟维琼．基于复杂网络和能值理论的化石能源国际贸易格局研究［D］. 中国地质大学，2016.

［179］周健，官冬杰，周李磊．基于生态足迹的三峡库区重庆段后续发

展生态补偿标准量化研究［J］. 环境科学学报，2018，38（11）：4539－4553.

［180］周江，向平安. 湖南不同季别稻作系统的生态能值分析［J］. 中国农业科学，2018，51（23）：4496－4513.

［181］朱海娟. 基于能值理论的宁夏荒漠化治理生态经济效应研究［J］. 科技管理研究，2016（7）：240－244.

［182］朱洪光，钦佩，万树文等. 江苏海涂两种水生利用模式的能值分析［J］. 生态学杂志，2001，20（1）：38－44.

［183］朱立博，王世新，陈旭呈. 浅谈呼伦贝尔草原生态效益补偿机制［J］. 草原与草坪，2008（3）：74－77.

［184］朱玉林，李明杰. 湖南省农业生态系统能值演变与趋势［J］. 应用生态学报，2012，23（02）：499－505.

［185］Agostinho F，Luís Alberto Ambrósio，Ortega E. Assessment of a large watershed in Brazil using Emergy Evaluation and Geographical Information System［J］. Ecological Modelling，2010，221（8）：1209－1220.

［186］Alix－Garcia J，Janvry A D，Sadoulet E. The role of deforestation risk and calibrated compensation in designing payments for environmental services［J］. Environment and Development Economics，2008，13（3）：375－394.

［187］Arshal1 A. Principles of Economics［M］. London：Macmillan，1920，266.

［188］Atisa G，Bhat M G，Mcclain M E. Economic Assessment of Best Management Practices in the Mara River Basin：Toward Implementing Payment for Watershed Services［J］. Water Resources Management，2014，28（6）：1751－1766.

［189］Barros I D，Blazy J M，Rodrigues G S. et al. Emergy evaluation and economic performance of banana cropping systems in Guadeloupe（French West Indies）［J］. Agriculture Ecosystems & Environment，2009，129（4）：437－449.

［190］Bastianoni S，Marchettini M. The problem of production in environmental accounting by emergy analysis［J］. Ecological Modelling，2000，129（2）：187－193.

[191] Birner R, Wittmer H. On the "efficient boundaries of the state": The contribution of transaction-costs economics to the analysis of decentralization and devolution in natural resource management [J]. Environment and Planning C: Government and Policy, 2004, 22 (5): 667-685.

[192] Björklund J, Geber U, Rydberg T. Emergy analysis of municipal wastewater treatment and generation of electricity by digestion of sewage sludge [J]. Resources, Conservation and Recycling, 2001, 31 (4): 293-316.

[193] Bonilla S H, Guarnetti R L, Almeida C M V B. et al. Sustainability assessment of a giant bamboo plantation in Brazil: exploring the influence of labour, time and space [J]. Journal of Cleaner Production, 2010, 18 (1): 83-91.

[194] Brandt Williams S. Emergy of Florida Agriculture [J]. Centre for Environmental Policy Environmental Engineering Sciences, University of Florida, Gainesville, 2006, 12 (3): 239-251.

[195] Brown M T, Bardi E. Folio. Emergy of ecosystems. Handbook of emergy evaluation [J]. Center for Environmental Policy, 2001.

[196] Brown M T, Buranakarn V. Emergy indices and ratios for sustainable material cycles and recycle options [J]. Resources, 2003, 38 (1): 1-22.

[197] Brown M T, Clanahan T R. Emergy analysis perspectives of Thailand and Mekong River dam proposals [J]. Ecological Modelling, 1996, 91 (95): 105-130.

[198] Brown M T, Ferreyra C. Emergy evaluation of a common market economy: mercosur sustainability [J]. Ecological Indicators, 2001, 25: 221-239.

[199] Brown M T, Herendeen R A. Embodied energy analysis and emergy analysis: a comparative view [J]. Ecological Economics, 1996, 19 (3): 219-235.

[200] Brown M T, Ulgiati S. Emergy evaluations and environmental loading of electricity production systems [J]. Journal of Cleaner Production, 2002, 10 (4): 321-334.

[201] Brown M T, Ulgiati S. Emergy measures of carrying capacity to evaluate economic investments [J]. Population & Environment, 2001, 22 (5): 471-501.

[202] Brown M T, Ulgiati S. Emergy-based indices and ratios to evaluate

sustainability monitoring economies and technology toward environmentally sound innovation [J]. Ecological Engineering, 1997, 9 (1-2): 51-69.

[203] Brown M T, Ulgiati S. Energy quality, emergy, and transformity: Odums contributions to quantifying and understanding systems [J]. Ecological Modelling, 2004, 178 (1-2) 201-213.

[204] Brown M T, Ulgiati S. Energy-based indices and rations to evaluate sustainability: monitoring economies and technology toward environmentally sound innovation [J]. Ecological Engineering, 1997 (9): 51-59.

[205] Brown Weiss E. in Fairness to Future Generations. [M]. New York: Transnational Publishers. 1989.

[206] Buenfil, Andres A. Emergy evaluation of water [D]. Florida: University of Florida, 2001.

[207] Buranakarn V. Evaluation of recycling and reuse of building materials using the emergy analysis method [M]. Department of Architecture, University of Florida, Gainesville, 2001.

[208] Campbell D E, Brandt-williams S L, Meisch M E. Environmental Accounting Using Emergy: evaluation of the State of West Virginia [J]. Williams, 2005.

[209] Campbell E T, Tilley D R. Valuing ecosystem services from Maryland forests using environmental accounting [J]. Ecosystem Services, 2014, 7: 141-151.

[210] Cavalett O, De Queiroz J, Ortega E. Emergy assessment of integrated production systems of grains, pig and fish in small farms in the South Brazil [J]. Ecological Modelling, 2006, 193 (3-4): 205-224.

[211] Cavalett O, Ortega E. Emergy, nutrients balance, and economic assessment of soybean production and industrialization in Brazil [J]. Journal of Cleaner Production, 2009, 17 (8) 762-771.

[212] Chenery and Sycqquin. Patterns of Development [M]. Oxford University Press, 1950-1970.

[213] Ciotola R J, Lansing S, Martin J F. Emergy analysis of biogas produc-

tion and electricity generation from small-scale agricultural digesters [J]. Ecological Engineering, 2011, 37 (11): 1681 - 1691.

[214] Claassen R Cattaneo A, Johansson R. Cost-effective design of agri-environmental payment programs: U. S. experience in theory and practice [J]. Ecological Economics, 2008, 65 (4): 737 - 752.

[215] Costanza R, d'Arge R, de Groot R. et al. The value of the world's ecosystem services and natural capital [J]. Nature, 1997, 387 (6630): 253 - 260.

[216] Costanza R. et al. The value of the world's ecosystem services and natural capital [J]. Nature, 1997, 387: 253 - 260.

[217] Craig L A. Paying for the environmental services of silvopastoral practices in Nicaragua [J]. Ecological Economics, 2007, 64 (2): 374 - 385.

[218] Cuadra M, Rydberg T. Emergy evaluation on the production, processing and export of coffee in Nicaragua [J]. Ecological Modelling, 2006, 196 (3 - 4): 421 - 433.

[219] Dhifallah S M. Agroecological-economic system of Tunisia: an emergy analysis approach [C]. Castle of Peniscola: International Conference on Ecosystems and Sustainable Development, 1997: 14 - 16.

[220] Dietschia R. Public preferences for biodiversity conservation and scenic beauty with in a framework of environmental services payments [J]. Forest Policy and Economics, 2006 (9): 335 - 348.

[221] Ecology and Economy: "Emergy" Analysis and Public Policy in Texas [M]. Odum HT, Odum EC. Journal of Women's Health. 1987.

[222] Eithl. Dougherty, Public goods theory from eighteenth century political philosophy to twentieth century economics [D]. Public Choice, 2003, 117: 239 - 253.

[223] Elton C. Animal Ecology [M]. New York: Macmillan, 1926.

[224] Engel S, Pagiola S, Wunder S. Designing payments for environmental services in theory and practice: An overview of the issues [J]. Ecological Economics, 2008, 65 (4): 663 - 674.

[225] Farley J, Costanza R, Farley J. et al. Special Section: Payments for ecosystem services: from local to global. [J]. Ecological Economics, 2010, 69 (11): 2060 - 2068.

[226] Garciaa - Amado L R, Perez M R, Iniesta - Arandia I. et al. Building ties: social capital network analysis of a forest community in a biosphere reserve in Chiapas, Mexico [J]. Ecology and Society, 2010, 17 (3): 23 - 38.

[227] Giannetti B F, Ogura Y, Bonilla S H. et al. Emergy assessment of a coffee farm in Brazilian Cerrado considering in a broad form the environmental services, negative externalities and fair price [J]. Agricultural Systems, 2011, 104 (9): 681 - 688.

[228] Herzog F, Dreier S, Hofer G. et al. Effect of ecological compensation areas on floristic and breeding bird diversity in Swiss agricultural land scapes [J]. Agriculture Ecosystems and Environment, 2005 (108): 189 - 204.

[229] Holland T G, Coomes O T, Robinson B E. Evolving frontier land markets and the opportunity cost of sparing forests in western Amazonia [J]. Land Use Policy, 2016, 58: 456 - 471.

[230] José Barrena, Nahuelhual L, Andrea Báez. et al. Valuing cultural ecosystem services: Agricultural heritage in Chiloé island, southern Chile [J]. Ecosystem Services, 2014, 7.

[231] Juday C. The annual energy budget of aninl and lake [J]. Ecology, 1940, 21 (4): 438 - 450.

[232] Kleiber M, Dougherty J E. The influence of environmental temperature on the utilization of food energy in babychicks [J]. Journal of General Physiology, 1934, 17 (5): 701 - 726.

[233] Krätli S. If Not Counted Does Not Count? A programmatic reflection on methodology options and gaps in Total Economic Valuation studies of pastoral systems [J]. International Journal of Intelligent Systems &Applications, 2014, 6 (2): 14 - 21.

[234] Kroeger T. The quest for the "optimal" payment for environmental services program: Ambition meets reality, with useful lessons [J]. Forest Policy and

Economics, 2013, 37 (C): 65 -74.

[235] Landell - Mills N, Porras I T. Silver bullet or fools' gold? A global review of markets for forest environmental services and their impact on the poor. [J]. Silver Bullet Or Fools Gold A Global Review of Markets for Forest Environmental Services & Their Impact on the Poor, 2002.

[236] Lindeman R L. Seasonal Food-cycle Dynamics in a Senescent Lake [J]. American Midland Naturalist, 1941, 26 (3): 636 -673.

[237] Lokta A J. A contribution to the theory of self-renewing aggregates with special reference to industrial replacement [J]. Annals of Mathematical Statistics, 1939, 10: 1 -25.

[238] Lu H F. Ecological and economics dynamics of the Shunde agricultural system under China's smallcity development strategy [J]. Journal of Environmental Management, 2009, 90 (8): 2589 -2600.

[239] Meillaud F, Gay B, Brown M T. Evaluation of a building using the emergy method [J] Solar Energy, 2005, 79 (2): 204 -212.

[240] Mellino S, Ulgiati S. Mapping the evolution of impervious surfaces to investigate landscape metabolism: An Emergy - GIS monitoring application [J]. Ecological Informatics, 2015, 26 (1): 50 -59.

[241] Morris, M. O. Integrating local ecological services into intergovernmental fiscal transfers: The case of the ecological ICMS in East England Land Use Policy [J]. Ecological Economics, 2006 (25): 485 -497.

[242] Neri E, Rugani B, Benetto E. et al. Emergy evaluation vs life cycle-based embodied energy (solar, tidal and geothermal) of wood biomass resources [J]. Ecological Indicators, 2014, 36 (1): 419 -430.

[243] Odum H T, Brown M T, Brandt Williams S L, Folio. Introduction and Global Budget Handbook of Emergy Evaluation [J]. Center for Environmental Policy, 2000.

[244] Odum H T, Odum E P. Trophic Structure and productivity of a Windward Coral Reef Community on Eniwetok Atoll [J]. Ecological Monographs, 1955, 25 (3): 291 -320.

[245] Odum H T. Combining energy laws and corollaries of the maximum power principle with visual system mathematics in ecosystems: analysis and prediction [M]. SIAM Institute for Mathematics and Society, Philadelphia, 1975.

[246] Odum H T. Embodied energy, foreign trade and welfare of nations [A]. Stockholm: Asko Laboratory, University of Stokholm, 1984: 185 – 199.

[247] Odum H T. Emergy evaluation of an OTEC electrical power system [J]. Energy, 2000, 25 (4): 389 – 393.

[248] Odum H T. Emergy in ecosystems: ecosystem theory and application [M]. New York: John Wiley & Sons, 1986.

[249] Odum H T. Energy analysis evaluation of coastal alternatives [J]. Water Science Technology, 1984, 16 (3 – 4): 717 – 734.

[250] Odum H T. Energy systems concepts and self-organization: a rebuttal [J]. Oecologia, 1995, 104 (4): 518 – 522.

[251] Odum H T. Environment accounting: emergy and environmental decision making [M]. New York: John Wiley & Sons, 1996.

[252] Odum H T. Primary production in flowing waters [J]. Limnology & Oceanography, 1956, 1 (2): 102 – 117.

[253] Odum H T. Primary production mcasurements in eleven Florida springs and a marine turtie-grass community [J]. Limnology & Oceanography, 1957, 2 (2): 85 – 97.

[254] Odum H T. Self-organization, transformity and information [J]. Science, 1988, 242 (4882): 1132 – 1139.

[255] Odum H T. Trophic structure and productivity of Silver Springs, Florida [J]. Ecological Monographs, 1957, 27 (1): 55 – 112.

[256] Pagiola S, Arcenas A, Platais G. Can Payments for Environmental Services Help Reduce Poverty? An Exploration of the Issues and the Evidence to Date from Latin America [J]. World Development, 2005, 33 (2): 237 – 253.

[257] Pagiola S, Platais G. Payments for Environmental Services: From Theory to Practice [R]. Washington: World Bank, 2006.

[258] Persson U M, Alpizar F Conditonal cash transfers and payments for en-

vironmental services: a conceptual frameword for explaining and judging differences in outcomes [J] World Development, 2013, 43 (3): 124 -137.

[259] Persson U M, Alpízar F. Conditional Cash Transfers and Payments for Environmental Services—A Conceptual Framework for Explaining and Judging Differences in Outcomes [J]. World Development, 2013, 43 (3): 124 -137.

[260] Pimentel, D., C. Wilson, C, McCullum, et al., 1998, "Economic and environment Benefits of Biodiversity", Ecological Economics, 25, 45 -47.

[261] Plantinga A J, Alig R, Cheng H T. The supply of land for conservation uses: evidence from the conservation reserve program [J]. Resources Conservation & Recycling, 2001, 31 (3): 199 -215.

[262] Resende F M, Fernandes G W, Andrade D C. et al. Economic valuation of the ecosystem services provided by a protected area in the Brazilian Cerrado: application of the contingent valuation method [J]. Brazilian Journal of Biology, 2017, 77 (4): 762 -773.

[263] Ring I Integrating local ecological services into intergovernmental fiscal transfers: The case of the ecological ICMS in Brazil [J. Land Use Policy, 2008 (25): 485 -497.

[264] Rosa A D L, Siracusa G, Cavallaro R. Emergy evaluation of Sicilian red orange production. a comparison between organic and conventional farming [J]. Journal of Cleaner Production, 2008, 16 (17): 1907 -1914.

[265] Rydberg T, Jansen J. Comparison of horse and tractor traction using emergy analysis [J]. Ecological Engineering, 2002, 19 (1): 13 -28.

[266] Samuelson P A. The Pure Theory of Public Expenditure [J]. Review of Economics & Statistics, 1954, 36 (4): 387 -389.

[267] Sara R S, Scherr J, White A. et al. A new agenda for forest conservation and poverty reduction [M]. Washington, DC: Forest Trends, 2004.

[268] Sciubba E, Ulgiati SEmergy and exergy analysis: complementary methods or irreducible ideological options [J]. Energy, 2005, 30 (10): 1953 -1988.

[269] Seidl A F, Moraes A S. Global valuation of ecosystem services: appli-

cation to the Pantanal da Nhecolandia, Brazil [J]. Ecological Economics, 2000, 33 (1): 1 -6.

[270] Sierra R, Russman E. On the efficiency of environmental service payments: A forest conservation assessment in the Os a Peninsula, Costa Rica [J]. Ecological Economics, 2006 (59): 131 -141.

[271] Solow. An Almost Practical Step Toward Sustainability [C]. In: Oates W E eds. The RFF Road in.

[272] Soy N, Martinez - Tuna M, Mu radian R, M artinez - A lier J. Payments for environmental services in water sheds: Insights from a comparative study of three cases in Central America. Ecological Economics. 1999: 11 -20.

[273] Tibor Scitovsky. Two Concepts of External Economies [J]. The Journal of Political Economy, 1954, (2): 143 -151.

[274] Tilley D R, Swank W T. Emergy-based environmental systems assessment of a multi-purpose temperate mixed-forest watershed of the southern Appalachian Mountains, USA [J]. Journal of Environmental Management, 2003, 69 (3): 213 -227.

[275] Transean E N. The accumulation of energy by Plants [J]. The Ohio Journal of Science, 1926, 26 (1): 1 -10.

[276] Ulgiati S, Odum H T. Emergy use, environmental loading and sustainability, an emergy analysis of Italy [J]. Ecological Modelling, 1994, 73 (3 -4): 215 -268.

[277] Urban ecological footprints: Why cities cannot be sustainable—And why they are a key to sustainability [J]. William Rees. Environmental Impact Assessment Review, 1996 (4).

[278] Vega - Azamar R E, Glaus M, Hausler R. et al. An emergy analysis for urban environmental sustainability assessment, the Island of Montreal [J]. Canada, Landscape and Urban Planning, 2013 (118): 18 -28.

[279] Viglia S, Civitillo D F, Cacciapuoti G. et al. Indicators of environmental loading and sustainability of urban systems. An emergy-based environmental footprint [J]. Ecological Indicators, 2018, 94 (3): 82 -99.

[280] Wätzold F, Schwerdtner K. Why be wasteful when preserving a valuable resource? A review article on the cost-effectiveness of European biodiversity conservation policy [J]. Biological Conservation, 2005, 123 (3): 327-338.

[281] Watanabe M D B, Ortega E. Dynamic emergy accounting of water and carbon ecosystem services: A model to simulate the impacts of land-use change [J]. Ecological Modelling, 2014, 271: 113-131.

[282] Williams E, Firn J R, Kind V. et al. The value of Scotland's ecosystem services and natural capital [J]. Environmental Policy & Governance, 2010, 13 (2): 67-78.

[283] Wu J H, He C L, Xu W L. Emergy footprint evaluation of hydropower projects [J]. Science China Technological Sciences, 2013 (9): 2336-2342.

[284] Wunder S, Engel S, Pagiola S. Taking stock: A comparative analysis of payments for environmental services programs in developed and developing countries [J]. Ecological Economics, 2008, 65 (4): 834-852.

[285] Wunscher T, Engel S. International payments for biodiversity services: review and evaluation of conservation targeting approaches (J). Biological Conservation, 2012, 152: 222-230.

[286] Wünscher T, Engel S, Wunder S. Spatial targeting of payments for environmental services: A tool for boosting conservation benefits [J]. Ecological Economics, 2010, 65 (4): 822-833.

[287] Y, Lai Q K. Practice and Experience of Community Participation in Ecological Compensation in other Countries [J]. Forestry and Society Journal, 2005, 13 (4): 40-44.

[288] Yang W, Liu W, Viña A. et al. Performance and prospects of payments for ecosystem services programs: Evidence from China [J]. Journal of Environmental Management, 2013, 127 (18): 86-95.

[289] Zbinden S, Lee D R. Paying for Environmental Services: An Analysis of Participation in Costa Rica's PSA Program [J]. World Development, 2005, 33 (2) 255-272.

后　　记

本书是根据我和我的研究生近几年的部分科研成果经修改完善而成，得到了国家自然基金“基于能值理论的草原生态补偿对牧民收入的影响机理及补偿标准的动态调整机制的研究”（71764019）和“政府主导型草原生态补偿机制基本框架的理论设计与应用研究”（71163030）、内蒙古自然基金“基于拓展能值模型的草原生态补奖标准的重构研究——草原生态外溢价值视角下”（2020LH07002）、内蒙古社科规划重点项目“基于系统动力学的内蒙古草原生态补偿对牧民收入的影响研究”（2017NDA030）、内蒙古科技计划项目“草原生态补偿综合绩效评价体系的构建及在内蒙古的应用研究”（20131906）的资助。

本书是在我和段玮、杨新吉勒图两位老师的共同努力下完成的，两位老师在本书的撰写过程中做出了巨大贡献，在此特别感谢并肩努力的两位同仁。

在此我要感谢内蒙古工业大学经济管理学院的领导和老师，他们在我的研究过程中提出很多宝贵意见和无私帮助，尤其是上述基金项目的团队成员在研究中的鼎力相助。

感谢我的研究生陈宝新、韩青、庞雪倩、郭宇超、李梦圆和张鑫雨，他们在上述课题的研究中做了大量工作，在本书资料搜集整理过程中做了很多基础性工作，有些章节是他们协助完成的，排版校对也是由他们协助完成的，是他们的辛勤付出才使本书得以出版发行。

感谢我的丈夫常青，是他激励我不断学习进步。感谢我的儿子，是他的聪明好学给了我学习和科研的动力。

巩　芳
于内蒙古工业大学
2020 年 8 月